Wolfgang Rudelius

In einer anderen Welt

Wolfgang Rudelius

In einer anderen Welt

Roman

BELTZ
& Gelberg

Wolfgang Rudelius, geboren 1947 in Frankfurt/Main hat Grafik und Pädagogik studiert und arbeitete unter anderem als Straßenbahnschaffner, Fließbandarbeiter, Freizeitbauer. Heute lebt er als freischaffender Grafiker und Illustrator in der Wetterau bei Frankfurt. Er veröffentlichte Gedichte, Geschichten und den Roman *Der Bosskopp*. Sein Theaterstück *Wenn ich ein Vöglein wär* wurde 1994 in Aalen uraufgeführt.

Programm Beltz & Gelberg, Weinheim

Lektorat Ruth Klingemann
Einband von Wolfgang Rudelius
Gesamtherstellung
Druckhaus Beltz, 69494 Hemsbach
Printed in Germany
ISBN 3 407 79736 2

Man muß nicht alles glauben, was die Leute sagen; man muß aber auch nicht glauben, daß sie es ohne Grund sagen.

Immanuel Kant

In der fremden Stadt

Ich lief durch diese Stadt, als wüßte ich genau Bescheid. Lief durch enge Gassen mit weißgetünchten Häusern, vor denen alte Männer hockten und mir neugierig nachblickten. Vorbei an halbnackten Rotznasenkindern, die mich Sachen in einer Sprache fragten, die ich leider nicht verstand.

Als ich die ersten Gärten erreichte, war kein Laut mehr zu hören. Und es gab auch keine Menschen mehr. Nur Hunde, Katzen und einen kleinen grauen Esel, der traurig in der Sonne döste.

Schließlich stand ich vor einem leuchtendblau gestrichenen Gartentor. Und obwohl ich noch nie an diesem Ort gewesen bin, war's wie Wiedererkennen.

»Walder«, rief ich, »bist du da?«

Keine Antwort.

»Walder, hörst du mich?«

Wieder nichts. Ich schob den schweren Eisenriegel beiseite, lief die paar Meter zur Hütte, pochte gegen die Eingangstür. »Ich bin's doch, der Uli!«

Die Tür blieb verschlossen. Nichts rührte und nichts regte sich. Ich versuchte durch das verstaubte und mit Spinnweben überzogene Fenster nach drinnen zu schauen, ich preßte mein Gesicht gegen die Scheibe, hielt mir die Hände wie einen Schirm über die Augen.

»Walder«, rief ich, »warum meldest du dich nicht?«
Ich rannte immer aufgeregter durch den Garten. Als er dann plötzlich vor mir stand, war's wie damals bei unserer allerersten Begegnung. Ich wär wieder fast gestorben vor Schreck. Er aber stand bloß da, lächelte dieses dünnlippige Lächeln und sagte kein Wort. Klemmte beide Daumen hinter die Hosenträger, wippte ein wenig auf den Absätzen und sagte, nachdem er mich lange Zeit nur so eigentümlich angeblickt hatte: »Hast dich wohl erschreckt, was?«
»Wo hast du denn die ganze Zeit gesteckt?« fragte ich zurück. »Weißt du, daß wir dich überall gesucht haben?«
Wieder keine Antwort. Wieder bloß dieser Blick, als würde er mir nicht glauben. Als hätte er mich soeben bei einer extradoofen Lüge ertappt.
»Doch, EHRLICH, Walder«, versuchte ich ihn zu überzeugen. »Wir suchen dich seit Jahren!«
Er stand bloß da und grinste.
»Der Mischa«, sagte ich, »hat sogar die Auslands-Auskunft angerufen! Und weißt du, was die gesagt haben? VON WEGEN PRINZING! haben die gesagt. Dein Prinzing gibt es im gesamten mitteleuropäischen Sprachraum nicht, haben die gesagt … Kannst du echt den Mischa fragen!«
Ich redete und redete. Er stand bloß da und blickte mich an, daß ich mich fühlte, als müsse ich millimeterweise im Boden versinken. Und bevor ich noch irgendwas sagen oder fragen konnte, wachte ich auf. Lag naßgeschwitzt

in meinem zerwühlten Bett, schaute mich im Zimmer um, als müsse der Walder da irgendwo im Dunkeln stehen. Ich wollte einfach nicht glauben, daß alles bloß ein Traum gewesen war. Ich hörte das Rauschen von der Straße, das nächtliche Großstadt-Gebrumm. Und weil mir alles so ganz und gar unwirklich vorkam, wühlte ich mich in mein Kissen hinein. Aber an Schlaf war nun nicht mehr zu denken.

DER WALDER, überlegte ich, wie lange ist das her?

Ich starrte auf das halbhelle Fensterrechteck und dachte: Der liegt jetzt vielleicht auch in seinem Bett und kann nicht schlafen. Tagsüber beschäftigen sie ihn mit allem möglichen Kram. Da muß er im Anstaltsgarten Unkraut jäten oder in der Küche helfen … Tagsüber kommt er gar nicht groß zum Denken.

Aber jetzt! In so einer mondhellen Nacht … Vielleicht liegt er ja jetzt in seinem Gitterbett und denkt an früher. Träumt von seinem Garten, von der Hütte, träumt von seinem Leben DAMALS …

Vielleicht weiß er gar nicht, was passiert ist! Daß der Garten nicht mehr … Vielleicht denkt er, eines Tages geh ich da wieder hin. Wir holen die Mami aus dem Altersheim, und der Uli, also der Uli …

Bei diesem Gedanken wurde mir ganz mulmig. Was sollte er eigentlich denken, warum ich mich nie wieder bei ihm gemeldet hatte? Kein einziges Mal!

Ich stand auf und ging zum Fenster.

Oft, wenn ich nachdenklich bin, geh ich zum Fenster

und schau in die großen Bäume vom Günthersburgpark, der unserem Haus gegenüberliegt. Beobachte die Vögel. Wie sie in den Bäumen sitzen. Wie sie hierhin und dahin gucken. Wie sie sich manchmal aufplustern oder einfach nur dasitzen und ein Liedchen pfeifen. Wie sie plötzlich davonflattern, nur um sich drei Bäume weiter wieder hinzuhocken.

Ich steh manchmal stundenlang am Fenster, beobachte das Treiben der Vögel und werde ganz ruhig dabei. Jetzt, mitten in der Nacht, war es still in den Bäumen. Nichts rührte und nichts regte sich. Ab und zu fuhr ein leichter Wind durchs Geäst. Dann schwankten und zitterten die Zweige ein bißchen, das war aber auch schon alles.

Ich weiß nicht, wie lange ich da am Fenster stand. Ich schaute in die Bäume, wanderte mit den Augen umher und erkannte, so halb in Gedanken, Gesichter.

Augen, Nasen, Münder.

Geistergesichter und Geisterköpfe.

Wie oft hatte mir der Walder von den Geistern in den Bäumen erzählt. Die »Großen Geister« hatte er sie genannt. Immer wieder hatte er erklärt, die Großen Geister würden sich erst mit Einbruch der Dunkelheit aus ihren Verstecken hervorwagen. Dann würden sie still an den Ästen der Bäume hängen und auf uns Menschen herabblicken wie auf Wesen von einem anderen Stern. Fremd und erschreckend wären wir Menschen für die Großen Geister, hat der Walder gesagt. Warum, weiß ich auch nicht.

Jetzt, Jahre später, sah ich sie plötzlich WIRKLICH! Sie hingen schwer an den Ästen der Parkbäume. Ihre Leiber hoben sich schwarz vom nachtblauen Himmel ab. Sie glotzten mich an. ERNST und VORWURFSVOLL glotzten sie mich an! Sie deuteten sogar in meine Richtung und flüsterten miteinander. Redeten sie über mich?

Ungläubig rieb ich mir die Augen. Als ich sie wieder öffnete, als ich wieder nach drüben schaute und nach den Großen Geistern suchte …

… sah ich den Großen Vogel! Er stand da, ungefähr zwanzig Meter groß, zwischen den Bäumen im Günthersburgpark, stand da mit hängenden Schultern und kleinen, müden Runzelaugen. Er schaute kein bißchen vorwurfsvoll. Bloß ernst und traurig.

Unauffällig entfernte ich mich vom Fenster, setzte mich an meinen Schreibtisch und schraubte meinen alten Kolbenfüller auf.

Das schreibst du jetzt mal alles auf, dachte ich. Und zwar von Anfang an …

Ein seltsamer Baum

Als ich zehn, elf Jahre alt war, fuhr ich immer mit dem Rad in die Schule. Ich fuhr also auch täglich die Miquel-Adickes-Allee entlang bis zur Schrebergartensiedlung und durch die Schrebergartensiedlung hindurch. Und jedesmal, wenn ich die Schrebergärten erreichte, schaltete ich ein, zwei Gänge runter. Denn ich liebte diese kleinen Gärtchen mit den zusammengeschusterten Hütten und den windschiefen Holzbänken davor. Zu gucken gab's da auch immer was: Verwitterte Puppenköpfe hingen neben verrosteten Reklameschildern an den Wänden der Gartenhäuschen, ausrangierte Kochtöpfe, in denen Stiefmütterchen und Vergißmeinnicht blühten, standen herum. Aus Blechdosen gebastelte Windrädchen klapperten und quietschten auf den Dächern, in ausrangierten Badewannen wurde das Regenwasser gesammelt. Noch heute besitze ich einen wunderschön kitschigen alten Gartenzwerg. Den hab ich mal mitgehen lassen. Als Souvenir sozusagen.

Auf meinem Weg zur Schule konnte ich mich immer nur kurz umsehen, Zuspätkommen war damals absolut nicht drin. Dafür trödelte ich dann aber um so ausgiebiger auf dem Nachhauseweg durch diese Schrebergartenwelt. Durchwanderte stundenlang das Labyrinth von Wegen und immer kleineren Seitenwegen, durchstöberte

sämtliche Ecken und Winkel. Ich lugte über Hecken und Zäune, schaute den Leuten bei der Arbeit zu und entdeckte, obwohl ich mir einbildete, die Schrebergartensiedlung zu kennen wie meine Westentasche, immer wieder was Neues. Zum Beispiel diesen Baum mit den bunt bemalten Schildern, der alles überragte.
Was ist das für ein Baum? dachte ich. Den hast du ja noch nie gesehn.
Es war Anfang November. Die Bäume standen kahl und schwarz und ein bißchen wie verfroren da. Schmutziges Laub lag auf den Wegen. Mißmutig schob ich mein Rad durch die Gegend, die Kälte stieg mir die Beine rauf, als ich ihn plötzlich erblickte.
Was ist das für ein Baum? dachte ich noch einmal. Er war über und über mit farbigen Schildern behängt, die wie kleine bunte Ampeln leuchteten. Erst blieb ich nur verwundert stehen, rieb mir sozusagen die Augen, dann schob ich mein Rad in den nächsten Seitenweg, schloß es am Zaun fest und eilte zurück.
Da hat sich einer was ausgedacht, überlegte ich, um Vögel zu verscheuchen. Aber meine Vogelscheuchen-Theorie war total daneben. Je näher ich dem Baum kam, desto deutlicher erkannte ich: Diese Schilder waren nicht einfach bloß bunt. Sie waren mit ZEICHEN vollgemalt. Keine Zahlen, Buchstaben oder sonst etwas, was man kennt, sondern – wie soll ich sagen? ERFUNDENE Zeichen.
Sie hingen auch nicht nur in den Ästen des großen Bau-

mes. Der ganze Garten war mit Zeichen vollgehängt und vollgestellt. Und die Wände einer Holzhütte waren bis auf den letzten Quadratzentimeter mit schreiend bunten Zeichen bemalt. Sogar die Steine auf dem Boden lagen in einer irgendwie zeichenhaften Anordnung beisammen.

Was hatte das zu bedeuten? Ich hatte so etwas noch nie gesehen. Wie schon gesagt, es war November. Die Welt war kalt, grau, naß und trübe. Und dann auf einmal so etwas: Rot und Gelb und Blau und Grün! Die Farben sprangen mich an wie Tiger im Dunkeln. Sie leuchteten und glühten.

Ich stand vor diesem Garten wie vor einer anderen Welt. Als hätte mich einer in einen fremden Traum geschubst. Soweit ich das auf den ersten Blick erkennen konnte, gab es hier weder Gemüsebeete noch Blumenkübel. Es gab keine Obstbäume, keine Sträucher oder sonst was in der Art. Aber es gab haufenweise Gerümpel: Bretter, Bleche, Balken, Bohlen. Der ganze Garten war vollgestopft mit altem Kram, und auch der war vollgemalt. Auf einer ziemlich verrosteten Betonmischmaschine stand beispielsweise: AFF-RIIIIEH-KAAAH! In fetten roten Großbuchstaben. Erste Zeile AFF, zweite Zeile RIIIIEH, dritte Zeile KAAAH! Darunter befand sich ein giftgrünes Kreuz mit vier gelben Feldern. Und in jedem Gelb-Feld stand ein dicker roter Punkt mit dünner schwarzer Umrandung. Das Ganze wirkte unglaublich bedeutungsvoll, aber ich hatte nicht die geringste Ahnung, worin die Bedeutung lag.

Während ich also ziemlich fassungslos vor diesem Garten stand und nicht weiterwußte, merkte ich plötzlich, daß da noch jemand war. Ich spürte ganz deutlich, daß da irgendwo noch einer stand und mich beobachtete. Ich rührte mich nicht vom Fleck, aber meine Augen flogen hin und her. Untersuchten jedes winzige Eck und jeden noch so versteckten Winkel. Natürlich erwartete ich etwas ganz und gar Ungewöhnliches, Monstermäßiges: ein bleiches Gespenst mit Totenkopfschädel, einen Sensenmann mit Schlapphut und langem schwarzen Mantel ... Aber alles, was ich entdecken konnte, waren Holzschlangen mit aufgemalten Zickzackmustern und Pappdeckel-Gestalten, die in den Hecken hockten und mich blöd angrinsten. Weil mir von der Steherei allmählich kalt geworden war, begann ich auf der Stelle zu hüpfen und um mich zu schlagen wie Cassius Clay. Und da – mitten im Sprung – hab ich ihn gesehen. Er war ein Mensch aus Fleisch und Blut, aber mir kam er wie ein Gespenst vor. Reglos stand er in seinem Fenster, mit nach vorn geschobener Unterlippe und an die Scheibe gepreßtem Gesicht.

Mustern tat er mich wie einen Störenfried. Wie einen Eindringling, wie einen ganz und gar unwillkommenen Gast. Dann aber hellten sich seine Gesichtszüge plötzlich auf, seine Lippen bewegten sich. Er schien mir etwas sagen zu wollen. Bedeutete mir zu warten. Zeigte mit beiden Händen, ich solle mich ja nicht von der Stelle rühren.

Selbst wenn ich es gewollt hätte, ich konnte gar nicht fort. Wie ein hypnotisiertes Kaninchen stand ich da. Die Füße waren wie am Boden festgewachsen. Ich sah den Mann aus der Hütte kommen, sah ihn den Weg entlang laufen, sah ihn den schweren Riegel des blau gestrichenen Gartentors zur Seite schieben und hörte wie aus unendlicher Ferne eine Stimme fragen: »Naaa, du hast dich wohl erschreckt?«

Es war eine ungewöhnlich hohe Stimme, die freundlich klang, aber mich erschreckte diese Stimme sehr. Und weil ich völlig durcheinander war und keinen Ton herausbrachte, schüttelte ich den Kopf.

»DU brauchst auch nicht zu erschrecken«, sagte die freundliche hohe Stimme, »DIE ANDEREN schon!«

Welche anderen? dachte ich und betrachtete vorsichtig, von unten nach oben, diese riesenhafte Glatzengestalt. Es war, als wäre ich auf dreißig Zentimeter Gesamtgröße geschrumpft. Als wüchse dieser Kerl mit der Glatze bis in den Himmel hinauf. Mit einer weit ausholenden Armbewegung fragte er mich, ob ich denn wisse, was DAS ALLES HIER zu bedeuten habe?

Wieder schüttelte ich bloß den Kopf.

»Das sind meine Zeichen für die DAMEN UND HERREN!« sagte die freundliche hohe Stimme aus den Wolken herab, und ich dachte, siehst' es, er ist ein Bekloppter! Ich hatte es ja gewußt, zumindestens geahnt.

Der andere fragte, ob ich nicht BITTE SCHÖN hereinkommen wolle. »Da drinnen gibt's noch mehr zu schaun!«

Ich zögerte, ich zauderte, aber meine Neugier siegte. Ich trat durch das Gartentor, schloß es hinter mir und lief die ersten Meter. Dann blieb ich erschrocken stehen. Sah mich plötzlich als grobgerasterte Zeitungsleiche auf dem Weg liegen und las die dazugehörende Schlagzeile der BILD-Zeitung: »Bestialischer Sexualmord im Kleingärtnerverein!«

»Komm nur, komm!« lockte die freundliche Stimme. Der riesige Kerl stand lächelnd im Eingang seiner Hütte und winkte mich heran. Abermals zögerte ich, aber weil ich schon immer ein neugieriger Mensch gewesen bin, betrat ich die düstere Holzhütte und stand, nachdem wir uns an allerlei Gerümpel vorbeigequetscht hatten, in einem ebenso erschreckenden wie gemütlichen Raum. Auch hier war alles mit knallbunten Zeichen vollgemalt, auch hier gab's keinen einzigen freien Fleck an den Wänden. Es sah aus wie ein Dschungel aus dem Farbeimer, aber es brannten auch Kerzen, die dem Raum etwas Feierliches gaben. Sie standen auf Schränken und Regalen, auf dem Tisch, auf dem Boden und auf dem Fensterbrett. Sie erleuchteten den Raum mit vielen kleinen Lichtern, richtig hell war es aber trotzdem nicht.

Ich hatte gerade begonnen, mich einigermaßen an die Situation zu gewöhnen, als der Sessel, der vor dem Fenster stand, anfing, sich ganz langsam und quietschig zu drehen. In dem Sessel saß eine ziemlich verknitterte alte Frau, die mir ihre kleine Zitterhand entgegenstreckte. Ich lief zu ihr hin, nahm die Hand, die so gut wie gar nichts wog, sagte artig: »Guten Tag!« und fragte dann: »Wer sind denn Sie?«

»Das ist meine Mami!« kicherte die Glatzengestalt mit besonders hoher Stimme, und ich sah mich schon wieder als blutüberströmte Leiche. Sah die Beamten vom Ermittlungsdienst in der Hütte umhersteigen und nach Beweisen suchen. Sah die alte Frau ihren Mund bewegen und hörte ihre Stimme sagen, ich brauchte mich vor nichts zu fürchten.

»Du brauchst dich wirklich nicht zu fürchten!« sagte die alte Frau noch einmal, und es war wie Erwachen. Noch immer hielt ich diese leichte Zitterhand, noch immer kam mir alles unwirklich vor.

»Also gut«, sagte ich, wie um mir selber Mut zu machen. Dachte: Mehr als umbringen können sie dich nicht! Und: Dann schau dich halt mal um. Setzte mich auf die vorderste Kante eines alten Sofas und beobachtete, während ich mich offen im Raum umsah, die beiden aus den Augenwinkeln.

Was sind das bloß für Leute? dachte ich. Was ist das für ein seltsamer Kerl? Sieht aus wie King-Kong ohne Haare, aber benehmen tut er sich wie ein Kind im Vorschulalter. Zu allem Überfluß ließ er sich jetzt auch noch direkt neben mir aufs Sofa plumpsen und begann seinen Oberkörper hin und her zu schaukeln. Grinste mich an und schaukelte immer weiter, hin und her und hin und her …

»Mein Sohn ist ein Künstler«, sagte die Frau leise und

schaute dabei aus dem Fenster. Der »Künstler« trug graue Hochwasserhosen mit Lederflicken auf den Knien. Und dicke Wollsocken in viel zu großen Galoschen.

Was ist das für ein Kerl? dachte ich wieder. Ist stark wie ein Gorilla, aber aussehen tut er, als wär er einem Kasperletheater entsprungen. Und hampelt rum, als hätten sie ihn zu heiß gebadet.

»Mein Sohn ist ein Künstler«, sagte die Frau noch einmal mit Nachdruck, »aber viele meinen, er wär ein Idiot.« Sie schaute mir nun geradewegs in die Augen und zeigte in den Raum. »Wer SO ETWAS WUNDERBARES erschaffen kann, der ist kein Idiot!«

Wunderbar, na ja, dachte ich, während der Herr Künstler weiter wie ein Orang-Utan hin und her schaukelte und mich angrinste. Doch dann hielt er plötzlich inne, streckte mir seine Riesenpranke entgegen und sagte: »Und im übrigen bin ich der Walder!«

Wir schüttelten uns ewig lange die Hände. Ich sagte, daß ich der Uli bin, und Walder sagte: »Sehr erfreut!« Immer wenn ich aufhören wollte mit der Händeschüttelei, legte der Walder noch einen zu. Sagte zum Beispiel, da hinten die Frau im Drehsessel, das sei seine Mami. Worauf ich sagte: »Das weiß ich doch schon!« Der Walder bestand aber darauf, es immer wieder zu sagen. »Das ist meine Mami«, sagte er an die hundertmal und schüttelte meine Hand.

Erst war mir das fast unheimlich, aber der Walder kicherte wie ein Kind. Also schien er harmlos zu sein, und ich dachte: Na gut, vielleicht ist er ja wirklich eine Art Künstler, und wer weiß, diese Künstler, die sind vielleicht alle so.

Also wenn er tatsächlich ein Künstler ist und nicht nur ein Bekloppter, dann ist dies wahrscheinlich seine Kunstwerkstatt. Mit Wohnteil sozusagen. Dann hat er irgendwo in der Stadt noch eine RICHTIGE Wohnung wie andere Leute auch. Küche, Bad, WC …

»Sagen Sie mal, Herr Walder«, hab ich gefragt, »wo wohnen Sie eigentlich richtig?« Worauf er erst mal meinte, wir wären doch jetzt per du. Dann fragte er, ob ich bitte schön meine Frage wiederholen könnte. Die hätte er jetzt doch glatt vergessen. Ich fragte ihn also noch mal, wo er denn nun RICHTIG wohnen würde, woraufhin er sich vor Vergnügen auf die Schenkel schlug.

»Wo werd ich wohnen?« rief er immer wieder und rannte in der Hütte herum. »Hier, in diesen vier Wänden!« Er sprang auf dem Sofa herum wie ein wildgewordener Tanzbär. »Und auf diesem Schäselong!«

»Und Ihre … ich meine DEINE Mutter?«

Da wurde er ernst. Sehr ernst sogar! Stieg vom Sofa runter und kratzte sich verlegen am Hinterkopf. Diese Frage schien ihm überhaupt nicht zu behagen.

»Die Mami«, sagte er nach Minuten peinlichen Schweigens, »die könnt genausogut ins Altersheim. Die hat sogar einen Anspruch drauf!« Er betonte das, als hätte ich ihm die schwersten Vorwürfe gemacht. Dann sagte er wieder längere Zeit überhaupt nichts. Plötzlich rief er: »Die WILL aber nicht! Weil sie's nämlich gut hat bei mir.« Nun sah es fast so aus, als würde er mir gleich die Zunge rausstrecken und ganz laut Äääätsch! rufen. Dann lief er zum Drehsessel seiner Mutter, hockte sich neben sie, und die zwei guckten sich ganz zärtlich in die Augen. Der Walder nahm die kleine Zitterhand seiner Mutter. Sie wiederum streichelte ihm immer wieder über die Glatze und sagte leise: »Mein BUB!«

Ich mußte erst mal schlucken. Es hätte nicht viel gefehlt und ich hätte losgeflennt wie ein verlassenes Kleinkind. Aber ich heulte natürlich nicht. Früher hieß es immer, daß ein Junge nicht heult, sondern die Zähne aufeinanderbeißt. Also hab ich die Zähne fest aufeinandergebissen und mir auch sonst nix anmerken lassen. Und dann, nachdem sich die zwei eine Ewigkeit angelächelt und gestreichelt hatten, erzählte mir der Walder zum erstenmal ein bißchen was über die Damen und Herren.

»Wer soll denn das sein«, fragte ich, »die Damen und Herren? Von denen hab ich ja noch nie gehört ...«

»Die hocken in den Glaspalästen«, sagte der Walder, »und meinen, daß man bloß noch eine Nummer wär.«

Damen und Herren, die in Glaspalästen hocken? »Entschuldige mal, Walder«, fragte ich, »aber von welchen Damen und Herren redest du gerade?«

»Von welchen Damen und Herren ich rede?« Der Walder schaute mich einigermaßen fassungslos an. »Von den Damen und Herren rede ich, die die ganze Welt beherrschen wollen und niemals nicht genug davon kriegen in ihrer Gier. Die einen niemals nicht in Ruhe lassen ...«

»Ach so!« Ehrlich gesagt, ich hatte keinen blassen Schimmer, wovon er eigentlich sprach. Aber ich merkte, wie er allmählich fuchsteufelswild wurde. Er war sogar wieder vom Sofa aufgesprungen und rannte mit zornrotem Kopf durch die Hütte.

»Von den Damen und Herren rede ich, die uns unser schönes Haus wegnehmen wollen. Und den schönen Garten. Die uns in ihre Heime sperren wollen ...«

»In was denn für Heime?« fragte ich mitten in seinen Redeschwall hinein. Denn ich verstand noch immer kein Wort.

Einen Moment lang war's absolut still in der Hütte. Der Walder sah mich ungläubig an. Kaute, obwohl er gar nichts im Mund hatte. »Du fragst, in was für Heime?«

Ich nickte unsicher.

»Ja sag einmal«, hakte der Walder nach, »du kommst hierher und fragst, in was für Heime?«

Hilfesuchend blickte ich zu seiner Mutter. »Hab echt keine Ahnung, wovon er spricht.«

Walders Mutter saß in ihren Sessel versunken, tat, als ginge sie das alles nichts an. Aber der Walder kam nun erst richtig auf Touren. »Kommt hierher und fragt, in was für Heime! ... In was für Heime? ...

Inzuchts-Aufzuchts-Abzuchts-Heime!!! Hat er es jetzt wenigstens kapiert?«

Kapiert hatte ich nichts, aber ich war sprachlos.

»DIE DA soll ins Altersheim«, rief der Walder schon eine Stufe leiser, aber immer noch stocksauer, »obwohl sie fit und rüstig ist …« Er deutete auf seine Mutter und tippte sich dann selbst an die Brust. »Und der hier soll dahin, wo die Doofen schwofen …«

»Ins IRRENHAUS?«

Die Mutter nickte fast unmerklich, und der Walder begann zu singen: »Du bist verrückt, mein Kind, du kommst nach Berlin; denn da, wo die Verrückten sind, da gehörst du hin!«

»So richtig in die Klapsmühle?« fragte ich. »Mit Elektroschocks und allem Drum und Dran?«

»Och, na ja«, sagte der Walder.

»Ja, warst du denn schon einmal … DORT?«

»Freilich«, sagte der Walder.

»Ja, aber … warum denn?«

»Warum, warum, warum? Warum hat das Zebra Streifen, weißt du das so genau?« Der Walder blickte mir tief in die Augen, und ich dachte, Junge, jetzt wird's kompliziert. Ich war auf dem besten Wege, immer korkenzieherartigere Gedanken in mein Hirn zu bohren, als der Walder wieder losrannte und rief: »Weil ihnen meine Zeichen nicht gefallen, DARUM!«

Wie, was, dachte ich. Was denn für Zeichen? Ach so, ja. Die Zeichen, die in den Bäumen hingen. Die er an die Wände malte. Die er ÜBERALL hinmalte …

»Du, Walder«, fragte ich vorsichtig, »darf ich dich mal etwas fragen?«

»Freilich«, antwortete der Walder, »mach's doch nicht so kompliziert!«
Ich räusperte mich und atmete noch mal ganz tief durch.
»Warum machst du eigentlich diese ... ZEICHEN? Kannst du mir das mal erklären?«
»Warum ich DIESE ZEICHEN mache!!!« Walder, der sich eben noch einigermaßen beruhigt zu haben schien, sprang schon wieder auf wie von der Tarantel gestochen. Rannte zum Drehsessel seiner Mutter. »Hast du DAS gehört? Er will wissen, warum ich DIESE ZEICHEN mache!« Er schien nun augenblicklich in tausend Stücke zu zerspringen. Wiederholte mehrmals meine Frage, als wäre sie nun wirklich das Allerletzte, kam bis auf wenige Zentimeter an mich ran. »DA-MIT SIE UNS IN RU-HE lassen, hast du es jetzt kapiert, oder soll ich's dir noch schriftlich geben?«
»Nicht nötig«, sagte ich, »aber: Wer denn eigentlich?«
Keine Antwort. Statt dessen verdrehte der Walder die Augen, als hätt er's mit einem Vollidioten zu tun.
»Die Damen und Herren?«
»Die auch!«
»Ja, wer denn noch?«
Wieder keine Antwort.
»Walder, bitte, bitte, sag's mir doch!«
Nichts. Nur ein unwilliges Grunzen.
»Wer soll euch in Ruhe lassen, Walder? WER DENN?«
»ALLE!« schrie er plötzlich mit einer sich fast überschlagenden Stimme. »Alle, alle, alle ...«

Nordwestafrika

Nach meiner ersten Begegnung mit dem Walder war ich reichlich durcheinander. Mir qualmte der Schädel, meine Hirnzellen brummten auf Hochtouren, und als ich mein Rad viel zu spät vom Gartenzaun schloß, schwor ich mir: DA gehst du nie wieder hin!
Ich radelte Richtung Heimat, aber ich war in so eigenartiger Verfassung, daß ich nicht einmal versuchte, Zeit wiedergutzumachen.
Hier sollte ich vielleicht erwähnen, daß ich damals ein sogenanntes Schlüsselkind gewesen bin. Ich trug unseren Haus- und Wohnungsschlüssel an einer Kordel um den Hals, konnte tagsüber also kommen und gehen, wann ich wollte. Das gab es früher oft.
Mein Vater gab sich alle erdenkliche Mühe, seine kleine Familie zu ernähren, er machte Überstunden, besuchte Fortbildungskurse, aber was er am Monatsende an Geld mit nach Hause brachte, das reichte vorn und hinten nicht. Deshalb ging auch meine Mutter arbeiten. Deshalb brauchte ich vor sieben, halb acht am Abend erst gar nicht zu Hause zu erscheinen, es war ja keiner da! Meine Eltern erwarteten lediglich, daß ich keinesfalls später heimkam als sie.
Als ich nun an diesem Abend erst nach neun zu Hause auftauchte, räumte Mama gerade den Abendbrottisch ab

und sagte: »JETZT gibt's nichts mehr!« Und mein Vater fragte, ob das die allerneuesten Sitten wären? Wo ich denn jetzt noch herkäme, und ob ich überhaupt wüßte, WIE SPÄT es wär?

Natürlich wußte ich das! Ich versuchte ihm denn auch gleich zu erklären, es sei ausnahmsweise einmal nicht früher gegangen. Ich hätte sozusagen an einem wissenschaftlichen Experiment teilgenommen. »Stell dir vor«, sagte ich, »ich habe einen kennengelernt, der steht in seinem Garten an der Miquel-Adickes-Allee und redet mit seinem Vater in Nordwestafrika!«

»Erzähl doch keinen Unsinn!« brüllte mein Vater und nahm, wie immer, wenn er besonders streng und erzieherisch wirken wollte, die Brille von der Nase. Griff mit der rechten Hand an den rechten Seitenbügel, zog sich die Brille vom Gesicht und schrie: »MARSCH INS BETT!«

Na gut, ich marschierte ins Bett. Die Erwachsenen hatten zu der Zeit noch eindeutig die Macht. Aber – es war kein bißchen Unsinn gewesen, was ich gerade erzählt hatte. Ich hatte es doch mit eigenen Augen gesehen, mit eigenen Ohren gehört! Der Walder hatte tatsächlich von seinem Garten aus mit seinem Vater in Nordwestafrika geredet ...

Zunächst einmal hatte er ein großes Rostblech, ein paar Eimer Farbe und ein halbes Dutzend dicker Pinsel in die Hütte geschleppt. Dann war längere Zeit überhaupt nichts passiert. Das heißt, der Walder war ins Grübeln

geraten. Hatte seinen schweren Kopf auf eine Hand gestützt und sein Gesicht verzogen, als müsse er eine fast unlösbare Rechenaufgabe im Kopf ausrechnen.
»Was überlegst 'n so lange?« hab ich ihn gefragt.
»Ru-he!« brüllte er mich an und funkelte zornig mit den Augen. Seine Mutter bedeutete mir mit vielen Gesten und Zeichen, den Walder jetzt um Gottes willen nicht zu stören. Also hockte ich mich mucksmäuschenstill neben das Rostblech auf den Boden und wartete, was weiter geschehen würde.
Erst mal geschah so gut wie nichts. Der Walder malte einen kleinen dünnen Strich auf das Blech und verfiel erneut ins Grübeln. Dann erhob er sich ächzend vom Stuhl, schob die Unterlippe nach vorn und grübelte nun im Stehen weiter.
»Was überlegt er denn so lange?« flüsterte ich fragend zur Mutter rüber. »Ich kann ja nix erkennen ...«
»Willst du wohl ruhig sein!« fauchte mich der Walder an und fuchtelte böse mit dem Finger. Dann legte er eine Hand flach vor die Stirn und ergriff – endlich! – wieder einen Pinsel. Tauchte ihn bedächtig in den Gelb-Eimer, überlegte noch einmal und malte nun einen langen zitronengelben Strich auf das Rostblech.
Die Mutter atmete erleichtert auf. Fürs erste war die Spannung gelöst.
Aber es dauerte nicht lange, da war der Walder schon wieder nervös. Lief unruhig um das Rostblech herum, betrachtete es von allen Seiten und murmelte un-

verständliches Zeug. Und obwohl mir die Zeit ziemlich lang wurde, ließ ich ihn nun nicht mehr aus den Augen.

Nachdem er wieder endlos lange nachgedacht hatte, legte er den Gelb-Pinsel in den Gelb-Topf zurück, nahm einen neuen Pinsel, tunkte ihn in den Topf mit der grünen Farbe und rannte plötzlich auf das Rostblech los. Schlug grüne Fetzen in den gelben Balken und ging dann ganz ruhig zum Grün-Topf, legte den grünen Pinsel oben quer, damit er nicht runterkullerte, und betrachtete sein Werk.

Die Mutter nickte anerkennend und lächelte ihm aufmunternd zu. Ich nickte der Einfachheit halber mit und versuchte ein Gesicht, als würde ich wer weiß wie durchblicken.

Aber der Walder beachtete uns nicht weiter, setzte statt dessen einen knallroten Fleck neben das gelb-grüne Gebilde und malte nun diesen roten Fleck größer und größer.

»Ausgezeichnet!« rief die Mutter und klatschte Beifall. Und ich, ich klatschte ebenfalls und sagte: »Wirklich, nicht schlecht.« Ich hatte ganz allmählich begriffen, daß ich soeben an meiner ersten Zeichen-Malaktion teilnahm.

Der Walder beachtete uns immer noch nicht. Lief mit dem tropfnassen Rostblech in den Garten hinaus, hielt es wie einen großen Blendspiegel von sich weg, streckte es dann hoch und starrte in den Himmel hinauf. Probierte verschiedene Positionen durch und blieb, nach-

dem er die »richtige« gefunden hatte, stocksteif auf der Stelle stehen. Starrte unentwegt zum Himmel hinauf und murmelte unverständliches Zeug.
Die Mutter nickte wieder, lächelte, und mir war inzwischen völlig klar, daß er dieses neue Zeichen gegen die Damen und Herren ... ja, was eigentlich? ... aussandte, wegschickte, losließ ...
Ich wollte ihm gerade raten, lauter zu sprechen, damit die Damen und Herren ihn auch wirklich hören könnten, als er plötzlich rief: »Du kannst nicht sagen, daß du es nicht siehst?«
Wie bitte?
»Du kannst nicht sagen, daß du mich nicht siehst!«
Aha!
Offenbar sprach Walder gar nicht zu den Damen und Herren. Es handelte sich eindeutig um eine Botschaft an eine Einzelperson, noch dazu an eine, die der Walder duzte ...
Farbe tropfte auf Walders Schuh, aber das schien ihn nicht weiter zu bekümmern. Etwas anderes stimmte noch nicht. Er trug das Schild in die Hütte zurück, legte es wieder auf den Boden, dann begann die Grübelei von vorn.
Wieder schlich der Walder wie ein gefangener Tiger um das große Schild, es immer und immer wieder von allen Seiten betrachtend. Als ich schon dachte, o Gott, das hört wohl gar nicht mehr auf, schnappte er sich plötzlich den Eimer mit der blauen Farbe, tauchte seine Hand in

die Farbe, patschte mit der blauen Hand neben den großen roten Fleck und sagte: »SO!«
Dann eilte er wieder in den Garten hinaus, stellte sich in Position. »Du kannst nicht sagen, daß du es nicht siehst!«
Pause.
»Du kannst nicht sagen, daß du mich nicht siehst!«
Immer nur dieselben zwei Sätze.
»Walder, entschuldige mal, aber mit wem sprichst du eigentlich?«
»Stör mich nicht, ich habe zu tun!« raunzte er, ohne mich eines Blickes zu würdigen.
Ich wandte mich an seine Mutter. »Redet er mit den Damen und Herren?«
»Quatsch mit Soße!« brüllte der Walder und setzte sein Rostblech ab. »Ich red doch nicht mit DENEN!«
»Aber mit wem denn dann?«
»Mit meinem VATER!« sagte Walder genervt, und ich war völlig baff.
»Wohnt denn dein Vater hier in der Gegend?« hab ich gefragt.
»Der wohnt doch nicht hier in der Gegend!« sprach daraufhin der Walder, als hätt er's mit einem besonders dummen Buben zu tun.
»Ja, aber … Wo denn dann?«
»In Nordwestafrika.«
»Ach so … WO?«
»In NORD-WEST-AFF-RIIIIEH-KAAAH! Hast du es jetzt

endlich kapiert, oder muß ich es dir noch mal schriftlich geben?«

»Nein, nein, nicht nötig!«

Darf er sich nicht wundern, dachte ich, wenn sie ihn von Zeit zu Zeit in die Klapsmühle schaffen. Darf er sich wirklich nicht wundern!

Der Walder hielt wieder das Schild vor seinen dicken Bauch, und die Sache begann erneut:

»Du kannst nicht sagen, daß du es nicht siehst!«

Pause.

»Du kannst nicht sagen, daß du mich nicht siehst!«

Der Münzfernsprecher

Mit der Zeit hab ich dann erfahren, daß der Walder IN STÄNDIGER VERBINDUNG mit Nordwestafrika stand. In seiner Hütte hing ein Münzfernsprecher, ein altes, total verschrammtes Ding, der für ihn genauso unentbehrlich war wie zum Beispiel seine Mal- und Bastelsachen.

Mehrmals täglich nahm der Walder den Hörer ab, steckte zwei Groschen in den Schlitz, wählte eine endlos lange Nummer und rief, nachdem er ein paar Sekunden gewartet hatte: »Grüß dich, Baba, hier spricht dein Bub!«

Dann telefonierte er stundenlang mit seinem Vater in Nordwestafrika. Die Mutter mußte oft dazwischengehen: »Walder, denk ans Geld, du weißt doch, was das kostet!«

Dann war der Walder folgsam wie ein Kind. »Du, Baba«, sagte er, »ich mach mal Schluß. Die Mami meint, das käm zu teuer ...«

Walders Vater war ein gefürchteter Großwildjäger und ein weltweit anerkannter Insektenforscher, der immer mal wieder von einem Insekten-Fachkongreß zum andern reiste. Früher war er ein ebenso berühmter Forschungsreisender und Großwildfotograf gewesen, aber inzwischen wohnte er in einem der für Nordwestafrika so typischen weißgetünchten Marmorpaläste mit Zierfischteichen, Fruchtgärten und allem Drum und Dran. Es gab da vergoldete Raubtierkäfige, haufenweise Personal und auf jedem Stock ein Telefon. Aber weil der Vater oft in Sachen Insektenforschung beziehungsweise Großwildjagd unterwegs war, war er telefonisch nur schwer zu erreichen. Was den Walder nicht davon abhielt, es immer wieder zu versuchen. Immer wieder ist er zum Münzfernsprecher gelaufen, hat den Hörer abgenommen, zwei Groschen in den Schlitz geworfen und eine endlos lange Nummer gewählt.

»Hallo, ist da jemand?«

Nichts.

»Wahrscheinlich ist wieder ein Sandsturm«, erklärte er mir flüsternd, während er die Sprechmuschel mit der flachen Hand bedeckte. »Wenn Sandsturm ist, gibt es oft überhaupt kein Durchkommen … Hallooo?«

Jetzt sprach er wieder in den Hörer. »Baba? … Ja, Baba, ich höre dich gut! … Ja, wieso, was ist denn? … Ein was? … ACH DU LIEBE ZEIT! Du machst aber auch Sachen …«

Walder ließ den Hörer sinken, lehnte sich an die Wand. »Baba, ich rufe später zurück«, hauchte er mit letzter Kraft in den Hörer. Es war ihm nicht mal mehr möglich, den Hörer in die Gabel zu hängen. Das mußte ich für ihn tun.

Kreidebleich, wie ein Häuflein Elend hockte er am Boden.

»Was ist denn mit deinem Baba?« fragte ich ebenso neugierig wie besorgt. Es passierten ja ständig Katastrophen in Nordwestafrika. Klar, daß wieder etwas ganz besonders Katastrophales passiert sein mußte …

»Der Baba«, flüsterte der Walder, wobei er mehr und mehr in sich zusammensank, »der arme, arme Baba …«

»So red doch, Walder, was ist denn passiert?«

»Ein Löwe!« brachte der Walder mühsam hervor. Mehr brauchte er auch nicht zu sagen. Es war ja nicht das erstemal, daß Walders Vater von einem Raubtier angefallen worden war.

Ich packte den Walder unter den Achseln. Bemühte mich, so gut ich konnte, den schweren Kerl nach draußen zu ziehen. »Auf, Walder, du brauchst jetzt frische Luft!«

Kalt war's, naß und grau und ungemütlich. Wir hockten vor der Hütte im Schrebergarten am Frankfurter Alleenring, beratschlagten, was zu tun wäre. Natürlich mußten internationale Hilfsmaßnahmen eingeleitet werden, schließlich ging es um Leben und Tod.

Fröstelnd hockten wir auf der Bank vor der Hütte und stellten uns vor, wie der Vater gerade jetzt, IN DIESEM AUGENBLICK, am Verbluten wär. Ich sah ihn durch die Gänge seines Palastes wanken. Ich hörte ihn verzweifelt: »Hilfe, Hilfe!« rufen. Blöderweise hatte ausgerechnet an diesem Tag die gesamte Dienerschaft ihren freien Tag genommen. Der Vater mußte sich also alleine behelfen. In meiner Vorstellung tastete er nach einem Messer, das er über eine offene Flamme hielt.

Das hatte ich mal in einem Wildwestfilm mit John

Wayne gesehen: John Wayne war von einer Kugel in die Schulter getroffen worden. Mit schmerzverzerrtem Gesicht entfachte er ein Feuer und hielt sein Messer in die Flamme. Das Feuer warf helle Flackerflecken in den Raum, Schweißperlen standen John Wayne auf Stirn und Nasenrücken. Als das Messer glühte, trank er noch einen Becher Branntwein, öffnete sein grobkariertes Baumwollhemd und bohrte sich den glühendheißen Stahl in die Wunde. Ein langgezogener Schrei, der mehr wie ein Stöhnen war, dann lag die Kugel mattschimmernd auf dem einfachen Holztisch. John Wayne legte das Messer zur Seite, knöpfte die Knöpfe seines Baumwollhemdes wieder zu und lehnte sich erschöpft gegen die Bretterwand … Sein Blick ging in die Ferne.
Da Wildwestfilme im Wilden Westen spielen und ich von Nordwestafrika keine Ahnung hatte, stellte ich mir Walders Vater wie einen Cowboy in Khaki-Klamotten vor. In Westernfilmen hacken Männer Holz, reiten über die Prärie und schießen, wenn es sein muß, wildgewordene Indianer übern Haufen. Walders Vater sah ich Palmen fällen, auf einem Kamel durch die Wüste reiten und mit dem schwarzen Rebellenführer Kasawuwu kämpfen. Ich sah ihn nach getaner Arbeit auf einer weißgekalkten Veranda hocken: die Füße auf dem Tisch, die Winchester im Anschlag, den Tropenhelm im Genick …
Natürlich hab ich den Walder von Anfang an durchschaut. Das war ja auch nicht schwer. Der Münzfernsprecher hing ohne Kabel an der Wand, in der Hütte gab

es keinen Strom. Auch sonst war die ganze Afrika-Geschichte erstunken und erlogen. Der Walder grinste denn auch jedesmal, wenn er wieder mit Nordwestafrika telefonierte, wie der Herr Oberverschwörer persönlich. Mir war das egal. Hauptsache, wir spielten unsere Spielchen. Hauptsache, wir spielten sie immer weiter und weiter, bis am Ende keiner mehr unterscheiden konnte, was Quatsch war und was nicht.

Wenn er zum Beispiel schon wieder zur Tagesordnung übergehen wollte, wenn er begann, irgendein neues Zeichen anzufertigen, dann machte ich ihm Dampf. »Was ist los? Ruf ihn an und frage, ob's was Neues gibt!«

Dann steckte Walder zwei Groschen in den Schlitz, wählte eine lange Nummer und fragte, nachdem er ein paar Sekunden gewartet hatte: »Und, Baba, was ist?«

Natürlich spitzten sich die Situationen immer weiter zu. Mal brachte der Vater kein Wort mehr über die Lippen, mal schrie er nur noch: »Blut, Bluuut!« Dann war klar, daß er dringend Blutkonserven brauchte. Blutkonserven der Blutgruppe Beta-Null. Äußerst seltene Blutgruppe das!

Wir versuchten die Auskunft von Marrakesch zu erreichen. Aber wie das so ist, in wirklichen Notfällen kommt keinerlei Verbindung zustande. Wahrscheinlich tobten mal wieder orkanartige Sandstürme über Marrakesch, oder es waren wieder politische Unruhen im Land ...

Wir rannten durch die Schrebergartensiedlung, fragten

jeden, der uns in die Quere kam: »Entschuldigen Sie bitte, es handelt sich um einen dringenden Notfall. Würden Sie uns wohl sagen, welche Blutgruppe Sie haben?«
Wir verhielten uns ausgesprochen wohlerzogen und freundlich, aber die Leute reagierten, als wären wir nicht ganz dicht im Kopf. Manche zeigten uns einen Vogel, andere stellten sich taub und stumm, und wieder andere gingen einfach kommentarlos weiter. Wir ließen uns davon jedoch nicht entmutigen. Überlegten fieberhaft, wie wir Medikamente und Hilfsgüter nach Afrika schaffen könnten. Ich fragte sogar meine Eltern, ob sie nicht einen brauchbaren Einfall hätten.
Mama warf ihr Gesicht in Sorgenfalten und dachte ernsthaft nach. Aber mein Vater, der wahrscheinlich selber nie ein Kind gewesen ist, nahm wieder einmal die Brille vom Gesicht und schaute uns mit seinen kurzsichtigen Augen an. »Sagt mal, spinnt ihr denn jetzt beide?«
Mama und ich, wir hielten fest zusammen. Mama hat damals jeden Quatsch mitgemacht.
»Im Ernst, Karl-Heinz«, sagte sie mit treuem Augenaufschlag, »dem Walder seinem Baba, dem geht es wirklich nicht gut!«

Walders Freunde

Einmal stand der Walder im Garten und riß sich die Mütze vom Kopf, als er mich kommen sah. Warf sie hoch in die Lüfte, eilte mir entgegen und nahm mich in die Arme. »Da bist du ja«, sagte er und drückte mich fest an sich.

Ich schielte auf die Mütze, die auf einer Hecke gelandet war. Schaute zur Hütte rüber, wo sich das Fenster öffnete. Walders Mutter steckte ihr spitznasiges Gesicht durchs Fenster, winkte mir zu und rief: »Hu-huuh!«

»Komm«, sagte Walder, »wir gehen hinein. Hier draußen ist's zu kalt ... Nach grüner Farb mein Herz verlangt in dieser trüben Zeit ...«

»Der Winter«, meinte er, als wir drinnen beieinanderhockten, »der hält die Welt verdeckelt und verdeckt. Aber wart nur, wenn der Sommer kommt! Wenn das Viechzeugs aus den Löchern kriecht ... und aus den schmalen Ritzen ... DANN wird es wieder schön!«

Er schmatzte, als würde er den Sommer schmecken, lachte mich aus runden Augen an. »Wir legen uns auf den Bauch und schaun den kleinen Käfern zu. Die Schnaken und die Schnecken ...«, kurze Denkpause, »... die werden wir entdecken ... und auch die dicken Hummeln, die durch die Lüfte brummeln ...«

Dann sagte er: »Die ganzen Kleinviecher, das sind alles

meine Freunde! Im Sommer, wenn's wieder warm und annehmbar ist, werd ich euch miteinander bekannt machen.«

Im Sommer wollten wir auch gemeinsam ein »Ding« bauen, ein riesengroßes Ding! Natürlich sollte das Ding auch bunt sein und außerdem beweglich. Es sollte sich im Wind drehen, lustig klappern und alle Leute in der Schrebergartensiedlung zum Lachen bringen. Ich stellte mir einen langen, dünnen Kerl vor und sagte, wir könnten ihn ja »Lachmann« nennen. Der Walder meinte, der Lachmann müsse die ganze Siedlung überragen, und einen drehbaren Kopf müsse er haben und außerdem ein paar bewegliche Schlenker-Arme.

»Weißt du, was toll wär?« sagte ich. »Wenn der Lachmann einen Hut hätte. Wenn er den in der Hand hielte und wenn er ihn vor den Leuten immer auf- und absetzen würde. So, als würde er dauernd GUTEN TAG sagen!«

»Hmmm«, machte der Walder, warf sein Gesicht in Nachdenkfalten und kratzte sich am Kopf. Holte Bleistift und Papier und fing zu zeichnen an. Zeichnete verschiedene Lachmänner mit Hut in der Hand. Zeichnete immer neue Seilverbindungen, die den Hut-Arm mit dem Rumpf und den Rumpf mit den Beinen vom Lachmann verbinden sollten. Dann brummte er: »So geht es nicht!« und zeichnete eine Serie von Lachmännern mit Drehkurbel am Arm. Der Walder konstruierte Lachmänner auf Rollen, Lachmänner, die wie Zahnradbahnen funktionierten, Lachmann-Mobiles …

Auch wenn wir den Lachmann dann doch nie gebaut haben, es war eine klasse Zeit. Der Walder war wirklich ein Künstler. Ein Lebenskünstler. Langeweile kannte er nicht. Und ich, ich bin, wann immer ich konnte, zu ihm hin. Also fast jeden Nachmittag. Wir haben zusammen in der Hütte gehockt, im Garten gewerkelt, wir haben uns stundenlang Geschichten erzählt oder unsere Gänge gemacht.

Da konnte es regnen, hageln oder schneien, wann immer der Walder Lust auf einen Gang verspürte, und die verspürte er fast täglich, lief er los. »Auf«, sagte er dann, »wir machen mal einen Gang!«

Ohne sich noch einmal umzudrehen, rannte er aus der Hütte hinaus, durch den Garten, durch die Schrebergartensiedlung, durch die angrenzenden Straßen bis zum Dornbusch und immer weiter. Er hatte nie ein bestimmtes Ziel, aber gerannt ist er, als würden sie ihn verfolgen. Als wären sie mit einer Meute bissiger Hunde hinter ihm her.

Er hat auch nichts gesucht, jedenfalls nichts Bestimmtes. Gefunden hat er immer was. Es gab einfach nichts, für das der Walder nicht irgendeine Verwendung gehabt hätte. Täglich schleppten wir altes Gerümpel mit in den Garten zurück, der auf diese Weise mehr und mehr einem Schrottplatz glich.

Manchmal liefen wir aber auch auf dem direktesten Weg zum Grüneburgpark. Hatten wir den Park erreicht, so ertönte Walders Kommando, und wir schlichen geduckt durch Büsche und Gestrüpp. Wie zwei Abenteurer durch einen Dschungel in Nordwestafrika, so kämpften wir uns durch dichte Hecken und Sträucher. Der Walder immer vorneweg. »Auf, auf, auf!« rief er mir zu. »Es dämmert schon im Wald und auf der Heide!«

Der Walder liebte solche Spielchen. Und es war ihm piepschnurzegal, was die Leute dachten. Wie sie guckten. Die Leute waren ihm überhaupt piepschnurzegal.

Pünktlich zur »magischen Stunde« standen wir dann müde und abgekämpft auf der Großen Wiese im Park und warteten auf Walders Freunde. Auf die Großen Geister!

Die magische Stunde beginnt mit Einbruch der Dunkelheit und dauert, wie der Name schon sagt, ungefähr eine Stunde lang. Weil die Großen Geister scheu und schreckhaft sind, so hatte mir der Walder erklärt, halten sie sich vor den Menschen versteckt. Erst mit Einbruch der Dämmerung, wenn die Stadt allmählich hinter einem Schleier aus Dunst und Stille verschwindet, treten sie zwischen Büschen und Bäumen hervor. Stehen regungslos und schweigend da und beobachten uns Menschen.

Der Walder hat sie regelmäßig als erster entdeckt. Hat mich dann unauffällig in die Seite getippt. »Psst, da sind sie wieder!«

Der Walder hat versucht, sie mir auch tagsüber zu zeigen. Er hat in irgendwelche Büsche oder Bäume gedeutet, »da« gerufen, »erkennst du sie?« Aber meine Augen waren ungeübt, ich habe die Großen Geister nie gesehen.

Der Walder hat mir Geschichten über sie erzählt. Über ihre Herkunft, über ihre magischen Kräfte und alles das. Und weil er wieder und wieder betont hat, wie scheu und schreckhaft sie wären, hab ich mucksmäuschenstill neben ihm auf der Wiese gestanden, hab die Augen aufgerissen und kaum noch zu atmen gewagt. Der Walder stand genauso unbeweglich und schweigsam da wie ich. Manchmal, wenn es dann vollständig dunkel wurde, wenn Bäume, Hecken und Wiese zu einer schwarzgrauen Fläche zusammendunkelten, rief Walder den GROSSEN VOGEL. Den hat er nur einmal beim Namen nennen müssen, dann kam der sofort. Breitete seine Flügel aus, ließ uns aufsteigen, ja und dann, dann flogen wir auf dem Rücken des Großen Vogels aus der Großstadt raus. Über Wiesen und Felder, Flüsse und Wälder, das war natürlich toll. Wir sind dann oft zur Großen Ebene geflogen. Die liegt ungefähr zwei Flugstunden von Frankfurt entfernt, und zwar, wenn man vom Grüneburgpark aus ziemlich genau Richtung Süden fliegt.

Ich war ja ewig nicht mehr da, aber damals war dort umweltmäßig noch alles in bester Ordnung. Der Himmel zartblau wie ein leichtes Luftgewölbe, mit watteweichen Wölkchen drin. Die Flüsse klar und kühl und voller Fische. Das Allertollste aber war dieser kilometerweite Blick. Ungelogen, man konnte kilometerweit in alle Himmelsrichtungen schauen.

Der Walder und ich, wir standen wie die Riesen da und staunten. Ließen unsere Blicke wie Vögel durch die

Gegend flattern. Wie Vögel, die viel zu lange in viel zu engen Käfigen eingesperrt gewesen sind. Unter unseren Füßen schien die Erde zu schrumpfen. Sie schien sich von uns wegzuwölben, immer kleiner zu werden. Ganz gleich, an welchem Punkt wir standen – daß die Erde eine Kugel ist, und zwar noch nicht mal so eine besonders große, das hab ich hier zum allerersten mal gespürt …

Vielleicht ist die Große Ebene ja heute völlig verbaut. Vielleicht ist sie von Straßen durchschnitten, mit Neubausiedlungen vollgepflastert, und es sieht dort aus wie überall. Ich weiß es nicht, aber zu befürchten ist es.

Damals gab es auch Städte dort. Und was für welche! Städte, wie man sie von Abbildungen aus Nordwestafrika her kennt. Die Häuser weißgekalkt und ineinander verschachtelt. Und so bienenkorbartig aufeinandergestellt. Traumhaft, mit unzählig vielen Türmen, Erkern und Balkonen. Mit Brücken und Stegen, mit kupferfarbenen Kuppeln und Dächern.

Und Gärten gab's! Gärten und Parklandschaften mit Seerosenteichen, mit künstlichen Wasserfällen und türkisfarbenen Seen. Mit Blüten und Bäumen, die aussahen, als hätte der liebe Gott einmal richtig gute Laune gehabt. Als hätt er uns Menschen mal zeigen wollen, wozu er imstande ist, wenn er nur will.

Einmal kreisten wir auf dem Rücken des Großen Vogels über solch einer prachtvollen Gartenlandschaft mit blühenden Blumenfeldern, die wie kunstvoll gewebte

Teppiche unter uns lagen. Ich habe wie besoffen nach unten gestaunt und vor lauter »Ah« und »Oh« fast nicht gemerkt, wie der Walder immer stiller wurde. Wie sich sein Gesicht so käseweiß verfärbte. Wie er regelrecht zusammenschrumpfte und vornüber zu kippen drohte.
»Was ist denn?« hab ich endlich gefragt und ihn, so gut es ging, gehalten. Wortlos zeigte der Walder auf einen Marmorpalast, der rosa schimmernd wie ein Traumgespinst in der Sonne lag und an Reichtum, Üppigkeit und Prunk alles zu übertreffen schien, was wir jemals zuvor erblickt hatten.
»Da unten wohnt mein Baba!« sagte der Walder und zupfte den Großen Vogel leicht hinterm Ohr. »Komm, dreh ab … Wir fliegen wieder heim!«

Die Ohrläppchen der Assambolas

Kein Zweifel, Walders Vater war einer wie John Wayne. Ein Draufgängertyp in verschwitzten Khaki-Klamotten, der, nur mit einem Buschmesser bewaffnet, einsame Dschungelwälder durchstreifte und splitterfasernackt krokodilverseuchte Flüsse durchschwamm. Der sich, wenn es der Überlebenskampf erforderte, wochenlang ausschließlich von Käfern, Würmern und anderem Getier ernährte.

Gleich nach Walders Geburt war er für immer nach Nordwestafrika gegangen. Ich hätte eigentlich erwartet, daß der Walder deswegen auch mal sauer auf ihn gewesen wäre. Aber der Walder war kein bißchen sauer. Nur hin und wieder ein bißchen traurig. Ansonsten bewunderte er seinen Vater noch und noch. Ich konnte das sehr gut verstehen. So einen Abenteurer-, Großwildjäger- und Entdecker-Vater hätte ich mir nämlich auch gewünscht. Andersrum gesagt, ich hätte meinen Vater allzu gerne mal auf einen Abenteurer-Schnellkurs nach Nordwestafrika geschickt. Aber für so etwas war der leider nicht zu haben.

Mein Vater besuchte Fortbildungskurse. Er besuchte Kurse in Betriebswirtschaftslehre, bereitete sich nächtelang auf Prüfungen in modernem Rechnungswesen vor. Wenn er hinter seine Fachbücher ver-

schwand, galt das Motto: »Ruhe! Der Papa muß jetzt lernen …«
Morgens, wenn er zur Arbeit ging, legte er eine Blechdose mit belegten Broten in die Aktentasche, stellte eine Blechflasche mit gesüßtem Tee daneben, ließ das Schnappschloß der Aktentasche zuschnappen. Abends wiederholte sich der Vorgang. Nur umgekehrt. Während er der Aktentasche Brotbüchse und Teeflasche entnahm, fragte er mich so Sachen wie: »Mathe zurückgekriegt? Und, was hast du für eine Zensur?«
Es gibt ein Foto meines Vaters, da sieht man ihn als Vierzehnjährigen mit ernstem Gesicht und großen Hungeraugen. Obwohl noch ein Bub, hat er schon was Uraltes.
Ich hab ihm das Foto neulich unter die Nase gehalten. Er betrachtete es fast ein bißchen verlegen.
»Das war nach dem Krieg«, sagte er. »Neunzehnhundertsiebenundvierzig. Der Hungerwinter!« Er tippte auf die Fotografie, nahm die Brille vom Gesicht und rieb sich die müden Augen. »Viele sind verhungert damals. Und erfroren. Das weiß ich noch wie heute.«
Mein Vater wollte nie mehr hungern im Leben. Und auch nicht mehr frieren. Er wollte es »zu etwas bringen«. Und er hat es tatsächlich zu etwas gebracht. Ist Abteilungsleiter im Rechnungswesen der Oberfinanzdirektion Frankfurt geworden. Heute bezieht er eine gute Rente. Heute kann ich mit ihm reden. Als ich zehn, zwölf Jahre alt war, war das ein Ding der Unmöglichkeit!

Walders Vater brauchte keine Aktentasche mit Schnappschloß und Geheimfach, und Fortbildungskurse in Betriebswirtschaftslehre hat er vermutlich auch nie besucht. Und auch der Walder hatte solchen Kram nicht nötig. Der verschloß auch keine Türen vor mir, den durfte ich fast immer stören. Mit dem Walder gab's ständig was zu erleben, der war mit Geschichten ungefähr so vollgestopft wie ... na, wie seine Hütte zum Beispiel. Die Wände der Hütte waren nämlich nicht nur vollgemalt, nein, sie hingen auch voll mit Plastiktüten, in denen er sammelte, was andere Leute wegwerfen: Stoffreste, Tonscherben, Glasstücke, rostige Dosen und Bleche, Schachteln mit und ohne Aufschriften, vergammeltes Spielzeug, Puppenköpfe, vergilbte Fotos und Nachrichten »Aus aller Welt«. Ausgequetschte Zahnpastatuben, alte Bürsten und Bestecke ...
Der Walder war ein leidenschaftlicher Sammler. Seine Devise: »Alles kann man irgendwie und irgendwann einmal gebrauchen!«
Wenn's draußen stürmisch war oder schneite, wenn es regnete und der Garten allmählich zu einer Seenlandschaft aus tausend und einer Pfütze zusammenwuchs, wenn's überhaupt noch nur IN der Hütte einigermaßen erträglich war, dann nahm der Walder ein paar Tüten von der Wand. »Da wollen wir mal schaun ...«
Er kramte in den Tüten und brachte alles mögliche und unmögliche zum Vorschein: einen vergilbten Zeitungsartikel über eine Großmutter, die angeblich ihren eige-

nen Enkel zur Welt gebracht hatte. Eine Trompete mit nur einem Ton. Der Walder hat immer steif und fest behauptet, auf dieser Trompete hätte der Herr Qualtinger ganz wunderbar den »Großen Zapfenstreich« geblasen.

»Mit nur einem Ton?« fragte ich ungläubig.

»Freilich«, sagte der Walder und kramte ein schweres Teil hervor, das er mir feierlich überreichte. »DIES ist der Hochzeits-Ohrring der Prinzessin Assambola vom Stamme der Assambolas«, sagte er. »Die ist mit meinem Vater verlobt!«

Ungläubig betrachtete ich das rostige Eisenscharnier, an dem ein paar Vogelfedern befestigt und mit farbigen Wollfäden umwickelt waren. Ich erwiderte, der »Ohrring« sei doch für menschliche Ohren viel zu groß. Immerhin maß er fast einen halben Meter und war entsprechend schwer.

Aber Walder erklärte grinsend, beim Stamm der Assambolas gehöre ein in die Länge gezogenes Ohrläppchen so mit zum Schärfsten überhaupt. Schon die kleinsten Assambola-Mädchen würden sich die Ohren mit lauter schwerem Kram behängen, um im heiratsfähigen Alter möglichst langgezogene Ohrläppchen vorweisen zu können.

Ich hab ihm das natürlich nicht geglaubt, woraufhin er wortlos zum Münzfernsprecher ging, zwei Groschen in den Schlitz steckte und eine endlos lange Nummer wählte. Eigenartigerweise erreichte er seinen Vater dies-

mal sofort. Keine Sandstürme und auch sonst keinerlei Störungen in der Leitung.
»Na, Baba, wie geht's? … Ja, auch ganz gut. Wenn bloß der blöde Regen nicht wär … Wie bitte? Was habt ihr? … Vierundachtzig Grad!« Walder bedeckte die Sprechmuschel des Hörers und sagte in den Raum hinein: »Vierundachtzig Grad in Afrika … Bitte? Was hast du gesagt? … Im Schatten?«
Er konzentrierte sich nun wieder ganz auf das Gespräch. »Aber hör mal, Baba, weshalb ich anrufe: Ich hab dir doch von meinem Freund erzählt … Ja genau, der Uli! Der ist grad wieder da, und was soll ich dir sagen? Ich hab ihm den Ohrring von der Assambola gezeigt, und was meinst du, was er gesagt hat? … DAS GIBT ES NICHT, hat er gesagt. AUSGESCHLOSSEN! So was gäb's auf der Welt nirgends, hat er gesagt. Das mit den Ohrläppchen und so … Was? … Soll ich ihn dir mal geben? … Ja, sag ihm mal ordentlich Bescheid!«
Der Walder bedeckte wieder die Sprechmuschel des Hörers mit der einen Hand und lockte mich, schadenfroh grinsend, mit der anderen. »Komm mal her, Bürschlein. Mein Baba will mit dir reden!«
Ich lief zum Münzfernsprecher, nahm den Hörer, hielt ihn an mein Ohr und lauschte. Und hörte genau das, was ich erwartet hatte, nämlich nichts. Nicht mal Summen, Pfeifen oder Brummen. Gar nichts. Die absolute Stille.
»Hallo, ist da jemand?«
Wieder nichts. Walder kam, verständnislos den Kopf

schüttelnd, stellte sich neben mich, lauschte nun ebenfalls in die Stille, die dem Hörer entstieg.
»Laß mich mal!« Er nahm mir den Hörer aus der Hand, schlug einmal kräftig gegen den Münzfernsprecher. »HAL-LO? ... Ja, Baba, ich bin's wieder. Wir waren unterbrochen! ... Soll ich ihn dir noch mal geben? MOMENT!«
Er reichte mir abermals den Hörer, ich preßte ihn an mein Ohr und vernahm abermals ... nichts. Oder besser gesagt, die stillste Stille, die sich überhaupt denken läßt.
»Hallo!« rief ich. »Hören Sie mich?«
Nichts.
»HALLO! Ja, jetzt, ich bin's, der Uli! ... Jaja. Wir haben hier manchmal Wackelkontakt.«
»Wackelkontakt ist gut!« prustete der Walder los und ließ sich aufs Schäselong fallen. »Wackelkontakt, das ist sogar GANZ AUSGEZEICHNET!« Er schaukelte jetzt wieder wie ein Orang-Utan hin und her und schien sich fast in die Hosen zu machen vor Lachen. Dann wurde er plötzlich ernst. »Mach Schluß, das kommt zu teuer!«
Die Mutter nickte wie zur Bestätigung, ich rief noch schnell: »Auf Wieder-hööörn!« und hängte den Hörer in die Gabel.
»In Prinzing«, sagte der Walder plötzlich und kicherte. Die Mutter kicherte ebenfalls, als sie das Wort »Prinzing« hörte.
»Was war denn da?« Eigentlich erwartete ich eine weite-

re Geschichte über Walders Vater und die Prinzessin Assambola. Aber der Walder erzählte, in Prinzing habe er sich einen Straßenarbeiter-Anzug besorgt und sich auf die Hauptverkehrskreuzung gestellt.
»Und dann hab ich den ganzen Autoverkehr in die Anstalt umgeleitet«, sagte der Walder. »DAS war ein SCHÖNES DURCHEINANDER!«
»Was hast du gemacht?« Ich verstand wieder mal kein Wort.
»Den Autoverkehr in die Anstalt umgeleitet«, rief der Walder begeistert, »in den Hof der Irrenanstalt!«
Die Mutter nickte kichernd. »Nachher stand der Hof ganz voll mit Autos«, sagte sie, »s'ist wahrhaftig wahr!«
»Und die Fahrer sind ausgestiegen«, prustete der Walder, »und haben zornrote Köpfe gekriegt ...«
»Jajaa«, rief die Mutter, »und gehupt haben sie wie die Wilden!«
Ich verstand noch immer nicht ganz, aber Walder und seine Mutter überboten sich förmlich, mir die Geschichte zu erzählen. Demnach war der Walder bald von der Kreuzung geholt und in die Anstalt geschleppt worden. Viele Patienten hätten in den Fenstern gestanden und gewinkt, und manche vom Pflegepersonal hätten ebenfalls in den Fenstern gestanden und gegrinst. Ein paar vom Pflegepersonal hätten sogar ein bißchen Beifall geklatscht.
»Ja, und dann«, meinte spöttisch grinsend der Walder, »dann bin ich zu einem blonden Psychologen-Fräulein

mit Hochfrisur geführt worden. Die sollt mich untersuchen. Sie hat mir Klecksbilder gezeigt und gesagt: ›Sagen Sie mir einmal GANZ SPONTAN, was Sie da sehen, Herr Walder.‹ Da hab ich gesagt: ›Kleckse, Fräulein, und Sie?‹ Da hat sie gesagt: ›Freilich sind das Kleckse, Herr Walder. Aber da kann man ja vielleicht noch mehr drin sehen als bloß Kleckse. Zum Beispiel ein wildes Tier oder einen Schmetterling oder so etwas.‹ ›Liebes Fräulein Doktor‹, hab ich da gesagt, ›wenn Sie da noch mehr drin sehen, dann sagen SIE mir doch einfach …‹

Oh, da ist sie aber fuchtig geworden! Darum würde es jetzt überhaupt nicht gehen, hat sie gesagt. Weil sie nämlich mich untersuchen soll und nicht ich sie. Dann hat sie eine Anzahl farbiger Karten auf den Tisch gelegt und gesagt, so wie ich mich gerade fühle, soll ich eine Reihenfolge bilden. Da hab ich ihr einen Farbenkreis auf den Tisch gelegt und gesagt: ›Ich fühle mich wie in der Mitte von einem runden Farbenkreis!‹ Da hat sie ihre Untersuchung beendet und gesagt: ›Herr Walder, was sollen wir bloß mit IHNEN machen?‹

›Rauslassen‹, hab ich gesagt«, erzählte der Walder. »›Und die Mami aus dem Altersheim holen.‹ Die war nämlich zu der Zeit im Altersheim, OBWOHL …«

»… ich fit und rüstig war!« krähte es aus dem Drehsessel. Die Mutter reckte ihre spitze Nase um die Ecke. »Da hab ich noch laufen können wie ein junges Ding!«

Der Walder hatte Glück gehabt. Er wurde schon am dritten Tag entlassen. Und sie haben die Mutter wirklich aus dem Altersheim geholt. Und ihm nicht mal eine Anzeige wegen »Erregung öffentlichen Ärgernisses« angehängt. Die blonde Psychologin hat ihn lediglich gefragt, wie er sich sein weiteres Leben vorstellen würde.

»Woher soll ich das wissen?« hat der Walder geantwortet, aber dann hat ihn doch die Sehnsucht gepackt. »Am liebsten ...«, hat er gesagt und erst wieder rumgedruckst. »Am liebsten hätt ich einen Garten für die Mami und für mich. Da könnt ich dann Kartoffeln anpflanzen und Grünkohl und Rüben und Blaukraut und ... Und einen Fischteich tät ich anlegen, mit Quaaak-Fröschen und Wasserpflanzen. Und Brombeerbüsche und Himbeersträucher und Apfel- und auch Pflaumenbäume und ...«

»Schon gut, schon gut«, hat das Fräulein Doktor gesagt und gelacht. »Ich will sehen, was sich machen läßt. Aber dann müssen SIE mir auch etwas versprechen!«

»Ich?«

»Daß Sie nicht wieder solchen Unfug veranstalten«, hat das Fräulein gesagt. »Das nächstemal kann ich Sie nämlich nicht mehr so einfach laufenlassen ...«

»Großes dreifaches Ehrenwort!« hat der Walder gesagt und sich feierlich vom Stuhl erhoben. Er hat drei Finger in die Höhe gehalten und dem Fräulein alles versprochen, was es verlangt hat. »Nie mehr einen Blödsinn!« hat der Walder gesagt. »Ich kann Ihnen das auch gerne schriftlich geben. Hiermit bestätige ich dem Fräulein Doktor, daß ich nie wieder einen Blödsinn veranstalten werde. Hochachtungsvoll, Ihr sehr ergebener Walder!«

Da hat das Fräulein Doktor lachen müssen. »Sie sind mir ja einer«, hat sie gesagt und dem Walder herzlich die Hand geschüttelt. »Machen Sie's gut! Und wie gesagt, mit dem Garten – ich will sehen, was ich da tun kann.«

Ich kann mir vorstellen, wie der Walder diese junge Psychologin mit seinem Charme eingewickelt hat. Mit mir hat er's ja genauso gemacht. Ich konnt ihm auch nie lange böse sein. Selbst dann nicht, wenn ich mal aus irgendeinem Grund stinksauer auf ihn war.

Wahrscheinlich war der Walder mein erster richtiger Freund, wobei die Betonung auf »richtig« liegt. Er war einer von der unberechenbaren Sorte, einer, bei dem man nie genau wußte, was als nächstes passiert. Aber er war auch der erste, an den ich mit dem Gefühl dachte: Mann, DEN hast du vielleicht gern!

Und Walder?

Als ich an diesem Abend nach Hause mußte, schaute er mich mit überraschten Augen an. »SCHON?« Und er fragte: »Kommst du morgen wieder?«

»Logisch!« hab ich gesagt.

Er kam angelaufen, blickte mir tief in die Augen. »Stimmt das auch?«

»Ei, wenn ich's dir doch sage!«

»Wirklich, ganz bestimmt?«

»Logisch«, sagte ich noch einmal, »bis morgen!« Und ging.

Ein Freund ist ein Freund

Manchmal brachte mir mein Vater eine Tafel Schokolade mit. Vollmilch-Nuß, meine absolute Lieblingssorte. Die Freude war entsprechend groß.
Aber einmal, das werde ich nie vergessen, überreichte er mir die Schokolade mit dem Ausspruch: »VERDIENT hast du sie ja nicht!« Er fand das wohl witzig. Oder »pädagogisch«. Jedenfalls erinnerte ich mich an diesen Spruch, als ich am nächsten Tag mit einem kleinen Geschenk zu Walder kam. Ich hatte einen Tischtennisball wie eine Erdkugel bemalt, mit Erdteilen und den sieben Weltmeeren.
»DA!« rief ich übermütig und ließ die Erdkugel – plop, plop, plop – auf den Erdboden dotzen. »VERDIENT hast du sie ja nicht!«
Der Walder saß irgendwie bekümmert neben einem alten Rostblech und schaute nicht mal hin. Er hatte wohl gerade mit der Arbeit an einem neuen Verjagungszeichen begonnen und wirkte wieder mal äußerst angespannt. Ich fing also meinen hüpfenden Erdkugelball schnell wieder auf, steckte ihn in die Tasche, kniete mich neben den Walder und fragte: »Ist etwas passiert?«
»Frankfurt ist doch eine richtige IDIOTEN-Stadt!« schnaubte er verächtlich. »Nuu-Jork, Paa-Ries oder

Too-Ki-Joh, DAS sind Städte! DA ließe es sich leben.« Er patschte sich mit der flachen Hand vor die Stirn. »Aber mich muß es ja nach KRANK-Furt verschlagen ...«

»Erst mal guten Tag«, sagte ich. »Warst du denn schon mal in New York?«

Keine Antwort. Walder zog einen dicken roten Strich über das Blech und setzte einen Punkt darüber. »DENEN werd ich's zeigen! Die werden ihr blaues Wunder erleben!«

»Oder in Tokio?« fragte ich.

»Was soll ich denn in Too-Ki-Joh!« schnauzte er mich an. Auf seiner Stirn standen steil und überdeutlich zwei Wutfalten, sein Mund war in ständiger Bewegung. Der Walder führte Selbstgespräche, ein höchst alarmierendes Zeichen.

»Hat's irgendwie Ärger gegeben?« fragte ich besorgt.

»Ach was, Ärger«, brummte der Walder, und ich dachte: Also doch. Packte meine übrigen Mitbringsel aus, legte sie auf ein ausgebreitetes Taschentuch. Zwei Äpfel, zwei Orangen und zwei Eis-Moritz, ein Nappo und ein Prikkel-Pit. Besonders Prickel-Pit liebte der Walder sehr.

»Die sollen mich kennenlernen!« raunzte er jetzt, schielte auf das Prickel-Pit, nahm aber den Blau-Pinsel und malte ein großes D neben das I. »Ich werd ihnen ein Zeichen malen, das sie ihr Lebtag nimmer vergessen!« Er zog wieder einen senkrechten Strich, setzte wieder 'nen Punkt darüber, dann malte er ein O und ein T, schrie: »Idi-Jooten, diese gottverdammten Idi-Jooten!«

»Wer denn, Walder?« fragte ich.
Keine Antwort.
»Feige sind sie«, schimpfte der Walder. »Und weil sie sich fürchten …« Mitten im Satz brach er ab.
»Wovor fürchten sie sich denn?«
»Wovor sie sich fürchten?« Während er ein großes gelbes E auf das Rostblech malte, wiederholte der Walder meine Frage, als müsse ich die Antwort eigentlich selber wissen. »Daß man ihre WAHREN Gesichter erkennt, davor fürchten sie sich!«
»Ach so.«
Der Walder malte ein N hinter das E, holte einen Teller und ein Messer, nahm einen der beiden Äpfel, schälte, halbierte, entkernte und achtelte ihn und schnitt die Achtel in ganz feine Scheibchen. Die brachte er auf dem Teller seiner Mutter, während er selbst krachend in den zweiten Apfel biß. Schelmisch drehte er sich dann in Richtung Prickel-Pit. »Ich sehe was, was du nicht siehst!« Schlich wie auf Samtpfoten heran, hockte sich freundlich grinsend neben mich und ließ blitzschnell das Prickel-Pit in seiner großen Hand verschwinden. »Grüß dich, Uli, schön daß du da bist!«
»Grüß dich auch, wie geht's denn so?«
»Och, na ja.« Der Walder überlegte. Dann tippte er auf die Wölbung in meiner Hosentasche und grinste: »Was haben wir denn da?«
Ich befühlte den Erdkugelball in meiner Tasche und sagte, ebenfalls grinsend: »Dreimal darfst du raten …«

Am selben Nachmittag erschien ein Mann mit einem Kordhütchen auf dem Kopf vor Walders Garten. Lief aufgeregt hin und her, lugte verstohlen über Zaun und Hecken, guckte kopfschüttelnd durch Löcher und Ritzen. So ging das eine Weile. Endlich sprach er den Walder an: »Sie, Herr Nachbar, ich will Ihnen ja nix reinreden, aber ...« Er unterbrach sich, schaute erst auf den Walder, dann auf mich, dann wieder auf den Walder, immer hin und her. »Sie müßten mal was gegen Ihr Unkraut unternehmen!«
»Da haben Sie recht!« sprach freundlich lächelnd der Walder.
Der Mann nahm sein Kordhütchen vom Kopf und rieb sich über die Stirn. »Verstehn Sie mich nicht falsch, aber ... das Zeug wächst einem ja über den Kopf.« Er setzte sein Kordhütchen wieder auf. »Man bemüht sich, den Garten einigermaßen sauberzuhalten, und zum Dank kriegen wir jetzt das Zeug von Ihnen ...«
»Da haben Sie recht«, sprach, abermals lächelnd, der Walder. Die Mutter öffnete das Hüttenfenster, winkte und rief mit glockenheller Stimme: »Grüüüß Gott!«
Der Mann nahm sein Hütchen wieder vom Kopf, drehte es in den Händen.
Walder sagte: »Das ist meine Mami!«
Die Mutter schloß das Fenster wieder, der Mann setzte sein Hütchen wieder auf und schob es zurecht. Er lächelte ein bißchen irritiert. »Ist doch besser«, sagte er, »man spricht mal ein deutliches Wort miteinander ...«

»Da haben Sie recht!«

Mir wurde die Sache allmählich mulmig, aber Walder lächelte sein unschuldigstes Unschuldslächeln. Und der Mann, der eigentlich noch etwas hatte sagen wollen, aber allem Anschein nach vergessen hatte, was, schaute mit großen, fragenden Augen erst auf den Walder, dann auf mich, dann auf die Mutter im Fenster der Hütte. Er schien zu überlegen, wie das alles zusammengehörte.

Und Walder, der neben allem anderen auch noch ein ausgezeichneter Gedankenleser war, sagte: »Das ist der Uli. Der ist mein ALLERBESTER!«

Er grinste wie über einen besonders gut gelungenen Scherz und sagte: »Man muß halt reden können miteinander. Nachher ist alles nur noch halb so schlimm!«

Der Mann mit dem Kordhütchen nickte, blickte aber ziemlich verständnislos drein und schüttelte dann den Kopf. Plötzlich drehte er sich auf dem Absatz um, brummte: »Jetzt wissen Sie Bescheid!« und marschierte von dannen.

Wenige Tage später erhielt der Walder einen eingeschriebenen Brief vom Hauptvorstand des Kleingärtnervereins der Schrebergartensiedlung an der Frankfurter Miquel-Adickes-Allee. »Lieber Gartenfreund«, stand da geschrieben, »unser Garten dient der Freude und der Entspannung aller. Die Natur kann unser Gemüt beruhigen, aber es gibt ein paar einfache Regeln und Gesetze zu beachten. Sie sind in der Satzung unserer Vereinsordnung nachzulesen, die Dir zugegangen ist.

Nun haben einige unserer Gartenfreunde beanstandet, daß Du, lieber Gartenfreund, Deinen Garten verwildern läßt und nichts gegen das Unkraut unternimmst. Auch wurde beanstandet, daß Dein Garten insgesamt nicht so aussieht, wie wir Gartenfreunde uns einen schönen Garten vorstellen.«

Und so weiter. Der Walder wurde »herzlich und im Namen aller Gartenfreunde des Kleingartenvereins an der Miquel-Adickes-Allee eingeladen, zur außerordentlichen Mitgliederversammlung am 18. Dezember zu kommen, um Stellung zu beziehen und die anstehenden Probleme in aller Ruhe zu besprechen«.

Der Walder ist weder zu einer ordentlichen Mitgliederversammlung gegangen noch zu der außerordentlichen. Er hat überhaupt nie an irgendwelchen Versammlungen oder Treffen teilgenommen, und Stellung bezogen hat er auch nicht. Er hat, nachdem er den Brief gelesen und sofort zerrissen hatte, einen Pappdeckel, einen Eimer rote Farbe und zwei dicke Pinsel herbeigeschafft. Dann blätterte er in Büchern, die ich vorher nie gesehen hatte. Manche Stellen las er halblaut. Manchmal unterstrich er Stellen in den Büchern. Dann beschrieb er kleine Zettel mit seiner großen, unbeholfenen Schrift, zerknüllte die Zettel, nachdem er sie vollgeschrieben hatte, gleich wieder und beschrieb neue Zettel. Er schrieb unzählige Zettel voll und zerknüllte sie wieder. So ging das zwei Tage lang. Was hatte er vor?

Ich platzte fast vor Neugier und Ungeduld, aber der

Walder durfte wieder mal auf gar keinen Fall gestört werden. Zergrübelte sich das Hirn und schaute äußerst grimmig drein.
Am Nachmittag des zweiten Tages – endlich, endlich – war es dann soweit! Walder malte große rote Druckbuchstaben auf seine Pappe. Aber ich durfte ihm auch jetzt noch nicht über die Schulter schaun. »Wart's ab!« sagte er bloß, als ich fragte, was er denn da am Pinseln wär.
Walder reagierte mal wieder überhaupt nicht. Nach ungefähr zwei Stunden hochkonzentrierter Pinselei lief er nach draußen und befestigte das Schild am Gartenzaun. Folgender Vierzeiler war nun zu lesen:

> Grüß Gott, die Herrn und Damen,
> was wollen Sie von mir?
> Ich bin nicht bei den Zahmen,
> und auch kein wildes Tier.

Zugegeben, ich fand diesen Spruch auch nicht berauschend, ich fand ihn sogar ein bißchen blöd. Aber in der Schrebergartensiedlung schlug er ein wie eine Bombe. Erst kamen sie nur vereinzelt. Standen kopfschüttelnd vor dem Gartenzaun und verschwanden wieder. Später kamen sie in Scharen. Steckten die Köpfe zusammen, deuteten auf das Schild, zeigten auf die Abschreckungs- und Verjagungszeichen, auf die Zickzack-Schlangen und auf die Geisterköpfe. Ich glaube, manche haben sich überhaupt zum erstenmal genauer in Walders Garten umgesehen, und man brauchte nicht allzuviel Phantasie, um zu erraten, was sie dachten.

Den Walder schien das nicht zu stören. Scheinbar unbekümmert werkelte er im Garten oder in der Hütte, manchmal lief er sogar zum Gartenzaun, grüßte übertrieben freundlich: »Ja, schaun Sie nur, ja, schaun Sie nur! Anschauen kost' nichts und tut auch keinem weh ...«

Die Leute liefen wortlos davon, und der Walder stand da wie einer, der einen Mordssieg errungen hat. Anscheinend spürte er überhaupt nicht, was sich da zusammenbraute.

Ich schon! Und ich bekam allmählich Bauchweh davon.

»Hör mal, Walder«, hab ich gesagt, »häng doch das Schild wieder ab!«

»ICH DENKE JA NICHT DRAN!«

»Und außerdem«, hab ich gesagt, »sind doch jetzt bald Ferien. Da könnten wir doch mal ein bißchen aufräumen. Ich helfe dir auch dabei ...«

»Kümmere du dich um DEINEN MIST, und laß MICH in Ruh!«

Na gut, ich hab ihn in Ruhe gelassen. Aber davon wurde nichts besser. Als er grad mal im Garten war, bin ich schnell zu seiner Mutter gelaufen. »Können SIE nicht mal mit ihm reden?«

Ich weiß nicht, warum, aber sie stellte sich blind und taub und stumm. Hockte sanft lächelnd in ihrem Dreh-

sessel, schaute mit halbgeschlossenen Augen zum Garten hinaus und sagte kein Wort.
Als wieder mal ein paar Leute vor seinem Garten standen und sich fast die Augen aus dem Kopf glotzten, wurde der Walder aber doch ein bißchen wehmütig. »Wenn der Herr Würrgassen noch da wär«, sagte er, »wär das alles nicht passiert ...«
»Welcher Herr Würrgassen denn?«
Keine Antwort.
Nach langer Bedenkpause sagte ich vorsichtig: »Aber der Herr Würrgassen ist nun mal nicht da ...«
»Aber DU!« rief er entrüstet. »Du bist da, und ich denk, du bist mein Freund?«
»Schon, aber ...«
»Da gibt es kein ABER!« Walder schaute mich ganz ernst an. »Ein Freund ist ein Freund, oder aber er ist kein Freund!«
Was sollte ich da sagen?
Es dauerte keine drei Sekunden, da strahlte er mich an. »Du, sag mal ...« Er tat, als ob er sich nicht recht trauen würde. »Was weißt'n du über den Buddha?«
Er schaute mich dermaßen ernst an, daß ich augenblicklich fühlte, wie wichtig ihm das mit dem Buddha war. Du liebe Zeit, dachte ich, ist das nicht dieser Fettsack, der immer bloß im Schneidersitz dasitzt und so blöde grinst? Was will er denn mit dem?
Um Zeit zu gewinnen, fragte ich noch einmal nach: »BUD-DHA?«

»Jaaa«, machte er ungeduldig, »was weißt du über den?« »Nichts«, sagte ich wahrheitsgemäß. Was hätte ich auch sagen sollen? Walder war mal wieder arg enttäuscht von meiner Unwissenheit. Also versprach ich, noch am selben Abend meine Eltern zu fragen. Hatten sie nicht immer gesagt, wenn ich Fragen hätte, sollte ich mich vertrauensvoll an sie wenden? ...

»Buddha?« fragte meine Mutter zurück. Und guckte ebenso ratlos, wie ich am Mittag geguckt hatte. Mein Vater saß an seinem Schreibtisch und tippte Zahlen in eine Rechenmaschine, die er gebraucht gekauft hatte und unbedingt jetzt ausprobieren mußte. Mama fiel ein, daß sie vergessen hatte, Milch zu besorgen. Oder Brot. Sie verschwand mit dem Ausruf: »Die schließen doch gleich!« Mit anderen Worten: Meine herzallerliebsten Eltern wußten nichts über Buddha und wollten auch nichts über Buddha wissen!

Mama war verschwunden, also mußte mein Vater dran glauben. Ich erinnerte ihn an seinen großartigen Satz, daß nur der, der Fragen stellt, es im Leben zu was bringt. »Aber ausgerechnet jetzt!« murrte mein Vater, bequemte sich dann aber doch an sein bis obenhin vollgepacktes Bücherregal. Suchte und fand den Band »Philosophie – allgemein verständlich« im obersten Fach. Blätterte stirnrunzelnd in dem Buch, las stirnrunzelnd immer die gleiche Stelle. Sagte: »Aha!« und las weiter. Schließlich begann er: »Das ist gar nicht so einfach! Ich versuche es mal mit MEINEN WORTEN.«

Mach endlich, dachte ich.
Mein Vater erzählte nun die ungemein aufregende Geschichte von Bäumen, die im Herbst ihre Blätter verlieren. Er kam auf ein ganz spezielles Blatt eines ganz speziellen Baumes zu sprechen und sagte: »Das Blatt, es fällt vom Baum ... ist also in gewisser Weise TOT!«
O Gott, dachte ich, und was hat das mit Buddha zu tun?
»Es welkt, zerfällt«, sprach mein Vater in feierlichem Ton, »und wandelt sich so pö-a-pö zu neuem Leben. Kannst du mir folgen?«
Diese Fragen! Seinen Ausführungen konnte ich spielend folgen. Die Frage war eher, wie lange ich das nervlich durchhielt. Ich verdrehte also ungeduldig die Augen und brüllte, nur in Gedanken natürlich: »WEITER!«
»Hör zu«, sprach mein Vater wie ein Laienpriester, »Buddha sagt, daß Leben niemals endet. Daß Leben in einem ewigen Kreislauf immer weitergeht ...«
»Ich auch?«
»Selbstverständlich. Du auch! Du wirst dich, wenn du so weitermachst, in einen rotzfrechen Straßenköter verwandeln. Oder aber, wenn du dich besserst, in eine Blume. Vielleicht sogar ... in einen anständigen Menschen!«
»Amen«, rief ich, bloß um nicht klein beizugeben. Ehrlich gesagt, die Vorstellung, als Hund oder Blume weiterzuleben, behagte mir überhaupt nicht. Andererseits war mir das Ganze aber auch ziemlich schnuppe. Sollte dieser fette Buddha doch behaupten, was er wollte. Was ging mich das an?

Am nächsten Morgen raste ich mit meinem neu erworbenen Wissen noch vor der Schule zu Walder. »Gib acht«, begann ich, »das ist nämlich so …« Und dann erzählte ich den ganzen Schwachsinn von welkenden Blättern, wiederauferstandenen Hunden und zu neuem Leben erwachten Blumen. »Weil nämlich das Leben auch nach dem Tod noch weitergeht«, sagte ich.
Während ich munter drauflosplapperte, merkte ich, daß irgendwas nicht stimmte. Walder bekam diesen elenden Gesichtsausdruck. Tränen versammelten sich hochwasserartig hinter seinen Augenlidern. Bald kullerten die ersten über seine runden Backen, versickerten im Hemdkragen. Dünne Tränenrinnsale rannen ihm übers Gesicht, verschwanden in seinem Hemdausschnitt.
Ich war mal wieder völlig fassungslos. Hörte auf zu reden, starrte auf den Walder, der nun ebenso verzweifelt wie hemmungslos drauflosheulte.
»Ich will nicht sterben, ich will nicht sterben!« schluchzte er. Mich machte das irgendwie wütend. Dieser Buddha ist ein Arsch mit Ohren, dachte ich. Von wegen welkende Blätter. Von wegen ewiges Leben. Das kann er sich sonstwo hinstecken, das ewige Leben …
»Nie und nimmer will ich sterben«, schluchzte der Walder, »und verwandeln will ich mich auch nicht!«
Glücklicherweise schaltete sich diesmal die Mutter ein. »Aber wer denkt denn an so was!« Sie lächelte ihren Walder wie einen kleinen Buben an. »Du hast doch das ganze Leben noch VOR dir …«

»Du sollst aber auch nicht sterben«, schluchzte der Walder, »und auch der Uli nicht! Keiner soll sich verwandeln! Weil wir bleiben wollen, wie wir sind!«
»Freilich.« Die alte Frau nickte verständnisvoll, und es kam mir vor, als würde sie ihren Sohn mit ihrer Stimme streicheln.
»Und zwar für immer!« Zwar schluchzte der Walder noch, aber es deutete sich auch schon wieder etwas anderes an. Aussehen tat er wie einer, der weiß, daß sich aus dieser Situation noch mehr raushandeln läßt. Er zog eine trotzige Schnute, aber sein rotzverschmiertes Gesicht bekam schon wieder so ganz entfernt diesen kackfrechen Ausdruck.
Ich mußte mich erst mal setzen. War mal wieder völlig geplättet. Tat nichts, sagte nichts und dachte auch nichts weiter. In meiner Herzgegend gab's einen leichten Stich, und mein Magen begann zu pochen. Ich betrachtete diesen Kerl mit den komischen Kasperle-Hosen, dem ewig verknitterten Hemd und der groben Wollweste darüber. Das ist, weil du den gern hast, dachte ich und betrachtete ihn von oben bis unten und wieder zurück. Mann, hast du den vielleicht gern!
Auf die Idee, ihn zu fragen, was er eigentlich mit diesem Buddha gewollt hatte, kam ich erst zwei Tage später. Statt auf meine Frage zu antworten, zog der Walder einen reichlich zerfledderten Zeitungsausschnitt aus der Hosentasche und wedelte mir damit vor dem Gesicht herum. Ich konnte es kaum erwarten, nahm den Wisch,

faltete ihn auseinander und ... erblickte ein grobgerastertes Zeitungsfoto. Abgebildet war ein riesengroßer Steinbuddha, der wohl eine ganz besondere Sehenswürdigkeit in Japan ist. Massenweise standen Leute mit Fotoapparaten vor dem Ding, und unter dem Foto stand: »Der große Buddha von Kamakura«. Das war alles.

»Ja und?« fragte ich ein bißchen enttäuscht.

»Och, na ja.« Walder hakte beide Daumen in die Hosenträger, zog sie ein paar Zentimeter vom Körper weg und ließ sie dann zurückschnappen. Als es ein bißchen knallte, grinste er über das ganze Gesicht und sagte: »Den würd ich gerne bemalen.«

Richtige Berge und Mäusepickel

Der Walder hatte mich gebeten, immer erst zu klopfen, bevor ich in seine Hütte trat. Er würde, so hatte er mir erklärt, sonst zu sehr erschrecken. Das sei noch von »früher«.

Als ich am nächsten Tag gutgelaunt an die Hüttentür klopfte, tat sich zunächst einmal gar nichts. Es dauerte eine Weile, dann öffnete er mit einem Gesicht, als hätte er in was Saures gebissen.

»Was ist«, fragte ich, »hat es Ärger gegeben?«

»Och, na ja.«

»Och, na ja« und »Da bin ich überfragt« waren seine Antworten, wenn er eigentlich keine Lust hatte zu antworten.

»Du, Walder«, hab ich ihn einmal gefragt, »wie alt bist du eigentlich?«

»Da bin ich überfragt!«

»Das gibt es doch nicht. Du mußt doch wissen, wie alt du bist.«

»Och, na ja.«

Es war zum Haareraufen. Ich schielte zu seiner Mutter rüber, hoffte, daß sie irgendwas erklären würde, aber die Mutter guckte meistens zum Fenster raus. Lächelte milde und döste vor sich hin. Tag für Tag hockte sie in ihrem alten Quietschesessel, und es sah so aus, als wär sie mit

ihren Gedanken sonstwo, aber ich glaube, sie bekam noch alles mit. Geantwortet oder geredet hat sie nur, wenn SIE das wollte, und das war äußerst selten.
Aber glücklicherweise war der Walder ein Babbler und Geschichtenerzähler. Früher oder später erfuhr man alles, was man von ihm wissen wollte. Es brauchte nur ein bißchen Geduld.
»Bei uns in den Bergen«, sagte er plötzlich, »da liegt der Schnee acht Meter hoch.« Er schaute mich an. »Ja, WIRKLICH! Weil da immer Winter ist.«
Die Mutter nickte lächelnd zum Fenster raus.
»Da wickeln die Leut ihre Kinder in gegerbte Rinderhäute und geben ihnen süßen Tran!« Der Walder schmatzte und leckte sich die Lippen.
Ich dachte an speckige Eskimo-Kinder, an in Fellanzüge gepackte Grönland-Kinder mit schlitzförmigen Augen in runden Mondgesichtern. War der Walder am Ende sogar in Grönland geboren, war er am Nord- oder Südpol aufgewachsen?
»Damals, als ich noch täglich durch die Bergwelt wanderte«, sagte der Walder mit wehmütigem Blick, und ich hakte blitzschnell ein: »Was war denn da?«
Er lächelte bloß. »Och, na ja.« Ein breites Grinsen legte sich über sein Gesicht. »DAS waren noch Zeiten!«
Längere Pause. »Da sind die Hexen auf ihren Besen durch die Lüfte gezischt ...« Pause. »Und haben den Bauern die Hinkeln geklaut!«
Jetzt geht's aber los, dachte ich. Der verarscht dich wie-

der mal nach Strich und Faden. – Nein, ich weiß gar nicht mehr so genau, was ich damals dachte. Es ist zu lange her. Ich weiß bloß, daß ich wieder mal hilfesuchend zur Mutter rübergeschaut habe. Warum schaltete sie sich niemals ein, wenn der Walder solchen Unfug erzählte?

»Eins steht jedenfalls fest«, sagte ich, um mich selbst auf andere Gedanken zu bringen.

»Nämlich?« fragte der Walder.

»Daß du in den Bergen aufgewachsen bist!«

Keine Antwort.

»Überleg doch mal: Waren das die Berge in Süddeutschland oder die Schweizer Alpen? Waren es die Berge von Österreich oder ...«

»Da bin ich leider überfragt!«

Die Mutter saß kichernd am Fenster.

»Bei UNS die Berge«, sagte der Walder, »das waren noch RICHTIGE Berge! Nicht bloß so Mäusepickel wie hier überall.« Und dann hielt er mir einen ausführlichen Vortrag darüber, daß es und warum es im gesamten Rhein-Main-Gebiet keinen einzigen richtigen Berg gäbe.

»Und der Taunus?« hab ich gefragt. »Der große Feldberg?«

Aber da hat er wieder nur lachen können. Und kichern. »Der Taunus«, hat er gerufen, »das meinst du doch nicht ernst!« Er schlug sich vor Vergnügen auf die Schenkel. »Der Feldberg! Das ist doch auch bloß so ein Mäusepickel ...«

Als er merkte, daß ich es sogar sehr ernst meinte, daß ich sogar richtiggehend sauer wurde wegen seiner spöttischen Art, besann er sich und erzählte eine seiner typischen Geschichten.

»Bei uns haben früher die Riesen gehaust. Du kannst das ja nicht wissen, aber bei uns die Berge, das sind lauter eingeschlafene Riesen ...« Er schaute mich besonders treuherzig an. »Eingeschlafene RIESEN!« Dann erzählte er von den einäugigen Riesen, die vor Millionen Jahren durch die dunklen Wälder gezogen wären.

»Die ganzen schönen Wälder haben die zertrampelt«, sagte der Walder, »und überall Angst und Schrecken verbreitet.« Der Walder erzählte, die Riesen hätten sich ausschließlich von Menschenfleisch ernährt, am liebsten von Reisenden, die ahnungslos das Land durchquerten.

»Damals«, sagte er, »war unsere Erde, wie ja allgemein bekannt ist, noch eine flache Scheibe und vollständig bewaldet. Berge gab's noch nicht. Nur Flüsse und Wälder, Wälder und Seen.« Der Walder meinte, weil die Riesen keine richtigen Feinde gehabt hätten, hätten sie sich mordsmäßig gelangweilt. Ihre ewige Rumzieherei wär ihnen mit der Zeit selber auf die Nerven gegangen. »Da haben sie sich eines Tages schlafen gelegt«, sagte er, »und sind seitdem niemals wieder aufgewacht. Sind von Jahrhundert zu Jahrhundert immer weiter versteinert und immer mehr mit der Erde verwachsen ... Aber die Menschen, die sind ja zu blöde! Die glauben doch tatsächlich, die Welt wär einmal ein Griesbrei gewesen. Die glauben, der Griesbrei hätt geblubbert vor Hitze. Geblubbert, gebrodelt und gezischt. Das muß man sich mal vorstellen! Dann wär der Griesbrei plötzlich erkaltet. Und beim Erkalten wär die Haut von dem Griesbrei ganz faltig geworden. Ja, und das wären also unsere heutigen Berge. Stell dir das doch mal vor!«

Der Walder kam ganz nah an mich ran. »Sag doch mal selber, glaubst DU solch einen Mist?« Ohne meine Antwort abzuwarten, fuhr er fort: »Man braucht ja nur ein einzigesmal durch die Bergwelt zu wandern ... Da kann man sie überall erblicken!«

»Wen denn, Walder?«

»Ja, hörst du mir überhaupt zu? Die eingeschlafenen Riesen! Ihre schlafenden Körper, ihre riesengroßen Schlafgesichter ...«

Walder lief zu seiner Mutter, drehte ihren Drehsessel hin und her und sprach: »Wenn sich so ein Riese im Halbschlaf dreht, dann gibt's im Tal ein Donnergeröll ...«

»... Und wenn mal einer niesen muß«, riefen plötzlich beide im Duett, »gibt's unten ein Gewitter!« Die Mutter und er lachten sich halb tot, und ich kam mir mal wieder ziemlich bescheuert vor.

Als sie sich einigermaßen beruhigt hatten, nahm der Walder sein Fernglas von der Wand, sagte: »Komm mit!« und ging in den Garten hinaus. Stapfte mit dem Fernglas vor Augen im Garten umher und sagte: »Als Kind hab ich auch so ein Fernglas besessen. Mit dem hab

ich über Österreich und Italien hinweg bis in den Vorderen Orient blicken können!«
Das Fernglas war ein abgewetztes und verschrammtes Ding.
»Das hat mir der Herr Würrgassen geschenkt«, sagte der Walder, »der war ein guter Mensch. Ein ganz ein Guter sogar. Der hat zwar auch in so einem Glaspalast gehockt, aber … DER war trotzdem ein Mensch!«
Den Herrn Würrgassen vom Frankfurter Sozialamt erwähnte der Walder oft. Der hat dem Walder wohl wirklich geholfen. Und das Fernglas, das er dem Walder besorgt hatte, das war auch nicht bloß ein gewöhnliches Fernglas. Weil es nämlich außerdem ein Nahglas war. Ich weiß zwar bis heute nicht, wie das technisch möglich war, aber diese Nahglasguckerei hat wirklich funktioniert.
Zunächst mal stapfte der Walder immer noch im Garten umher. Weil er offensichtlich nicht fand, was er suchte, öffnete er plötzlich das Gartentor, rief noch einmal: »Komm mit!« und marschierte aus dem Garten raus. Marschierte wie ein Tambourmajor im Stechschritt durch die Schrebergartensiedlung und blies eine seltsame Musik mit dem Mund.
Mir war das ganz schön peinlich! Hoffentlich sieht uns keiner, dachte ich dauernd. Hoffentlich gibt das nicht wieder neuen Knatsch! Es war doch überdeutlich, WIE SAUER Walders Gartennachbarn auf den Walder waren. Der Walder war nicht zur außerordentlichen Mitgliederversammlung erschienen, hatte weder schriftlich noch

mündlich »Stellung bezogen«. Er hatte kein Unkraut gerupft, und aufgeräumt hatte er auch nicht.
Jemand hatte am Abend zuvor das Pappschild mit dem Vierzeiler vom Zaun gerissen und in Stücke gefetzt. Dafür hing dann ein Zettel am Zaun. »Verrückte haben hier nichts verloren!« stand auf dem Zettel. Weiter nichts. Kein Absender und kein Name. Nur dieser Satz, der für mich eindeutig wie eine Drohung klang.
»Komm«, hab ich es noch einmal versucht, »wir räumen ein bißchen auf! Ich hab doch morgen Ferien. Wenn wir jeden Tag ...«
»Laß mich in Ruh!« raunzte er mich an, und ich ließ ihn in Ruhe. Obwohl überdeutlich war, was sich da zusammenbraute, marschierte der Walder ungerührt durch die Schrebergartensiedlung. Hielt sich sein Fernglas vor die Augen, blies seine Mund-Marschmusik ...
Ich war heilfroh, daß wir niemandem begegneten. Und ich war richtiggehend erleichtert, als wir endlich durch das Haupttor der Schrebergartensiedlung in die ganz gewöhnliche Vorweihnachtswelt hinausmarschierten.
Es war wenige Tage vor Heiligabend. Die Leute eilten, mit Tüten und Taschen beladen, an uns vorbei, ohne uns weiter zu beachten. Der Walder aber hatte anscheinend noch immer nicht gefunden, was er suchte. Marschierte weiter und weiter, blies diese Mund-Marschmusik und drehte sich nicht noch mal um.
Aber was suchte er denn? Ich hatte nicht den Hauch einer Ahnung, rannte aber trotzdem hinter ihm her.

Endlich blieb er vor einer Backsteinmauer stehen, knallte die Hacken zusammen und rief: »Ganze Kompanie HALT!« Stand eine Weile regungslos vor der Backsteinmauer und rief schließlich: »Hauptmann, insch-bi-zieren Sie den Ort!« Rief: »Ei, ei, Söhr« und schlich sich mit dem Fernglas vor Augen bis auf etwa einen Meter an die Backsteinmauer ran. Blieb dann wieder wie erstarrt stehen, schob die beiden Fernglasröhren auseinander, drehte am Scharfstellrad und starrte durch sein Fernglas auf diese hundsgewöhnliche Backsteinmauer ...
Und ich? Ich zweifelte mal wieder sehr an seinem Verstand.
»Was gibt's denn da zu sehn?«
Keine Antwort. Statt dessen gab der Walder nur so seufzige Töne von sich.
»Was du da siehst, will ich wissen!«
Die Mauer war eine Mauer, wie sie in jedem Dorf und in jeder Stadt zu Dutzenden herumstehen. Ich sah einfach nicht ein, weshalb ich da vor so einer blöden Backsteinmauer herumstehen und frieren sollte ...
»Amerika!« sagte der Walder plötzlich und überreichte mir das Glas. »Gefreiter Uli, übernehmen Sie!«
Wie hatte mein Opa mütterlicherseits immer gesagt: »Wenn die Leute spinnen, fängt das meistens im Kopf an.«
Gefreiter Uli! Und: Amerika!
Trotzdem nahm ich das Fernglas und baute mich pflichtbewußt vor der Mauer auf. Beguckte Steine, Mörtel und

Ritzen und tat, als würde ich wunder was erblicken. Machte, weil ich nichts weiter sah als Steine, Mörtel und Ritzen, ein paarmal »ah« und »oh« und stand eine ganze Weile vor dieser blöden Mauer rum. Schließlich gab ich dem Walder sein Fernglas zurück und sagte: »Toll! Wirklich sagenhaft.«

Aber so was durchschaute der Walder sofort.

»Guck halt hin!« bekam ich zu hören, und die sinnlose Glotzerei ging weiter. Wieder tat ich so, als böten sich meinen Augen die erstaunlichsten Dinge. Aber denken tat ich: Was soll der Mist? Ich seh nix, weil da nix zu sehen ist!

»Hör mal, Walder«, versuchte ich es schließlich mit streichelweicher Stimme, »ich seh da nix außer Steine und Ritzen ...«

»Dann mach deine Augen auf! Wofür hast du sie denn?«

Junge, Junge, das Leben kann so unerbittlich sein. Und der beste Freund erscheint einem wie ein Fremder. Aber ob man mir's nun glaubt oder nicht, eines schönen Tages kam sogar ich dahinter. Die Sache begann mich nämlich zu wurmen. Immer wieder bin ich mit dem Fernglas zur Mauer gelaufen, hab mich ungefähr einen Meter vor die Mauer gestellt und ... nichts!

Aber mich hatte der Ehrgeiz gepackt. Ich MUSSTE das Geheimnis dieser verdammten Nahglasguckerei lüften. Es hat eine Ewigkeit gedauert, dann war ich endlich soweit. Dann hat der Walder mir das Fernglas nur rüberzureichen brauchen, und hat er zum Beispiel: »Ein Mon-

ster« gesagt, so hat es keine zwei Sekunden gedauert, und ich habe das Monster erblickt.
Es herrschte wieder Einklang zwischen uns. Wir waren wieder BESTE FREUNDE. Unternahmen gemeinsame Gänge mit dem Fernglas und machten überall unsere Entdeckungen. Wirklich überall. An Backsteinmauern genauso wie an rauh verputzten Häuserwänden, in Büschen und in Bäumen, auf dem Boden und in der Luft. Irgendwann waren wir so gut aufeinander eingespielt, daß wir nicht mal mehr aus Walders Hütte zu gehen brauchten. Dann hockten wir lässig in der Hütte rum, beguckten Tür und Stuhl und Wände und was da sonst noch alles war.
Einmal zum Beispiel saß ein kleiner, unscheinbarer Käfer auf einem eingetrockneten Wasserfleck an der Wand. Das sah aus, als würde er einem Riesen auf die Glatze kacken. Der Riese verdrehte die Augen, versuchte nach oben zu schauen, und machte, weil er nichts sehen konnte, ein sehr verdrießliches Gesicht. Dann ist der Käfer weitermarschiert.
»Schade«, sagte ich und gab dem Walder das Fernglas zurück.
»Wieso schade?« fragte der und schaute durch das Glas.
»Der läuft zur Insel SAN-SI-BAAH! Was da geschah ...«
»Wieso«, fragte ich, »was geschah denn da?«
»Es riß auf einer Hängebrücke ein alter Specht sich selbst in Stücke«, reimte der Walder. »Das war noch recht!«

»Was?«
»Als dann ein Auge glotzend glotzte, ein voller Bauch sich selbst bekotzte ...«
»WALDER!« rief mahnend die Mutter, woraufhin der Walder seine Reimerei augenblicklich beendete und wieder angestrengt durchs Fernglas sah.
»Guck«, rief er, »der paddelt soeben durch den Atlantischen Ozean. Jetzt klettert er auf eine Dattelpalme und legt ein Ruhepäuschen ein. Das war aber auch ein anstrengender Tag heute!«
Zur Abwechslung erhielt ich wieder das Fernglas, aber gerade in dem Moment, in dem ich den Käfer auf der Dattelpalme gesichtet hatte, pumpte der sich voll Luft, blähte einmal kurz die Flügel und flog davon.
»Schade!« sagte ich wieder, aber Walder meinte: »Der fliegt zu seinen Ahnen. Da fliegt er immer zu Weihnachten hin. Einmal jährlich treffen sich alle Käfer der Welt am südlichsten Zipfel von Südamerika. Wußtest du das nicht?«
Ich schüttelte den Kopf, und Walder erklärte mir, alljährlich finde am südlichsten Zipfel von Südamerika das große Fest der Wiederbegegnung statt. »Lernt ihr so was nicht in der Schule?«
Ich schüttelte beschämt den Kopf. Nein, wirklich, vom internationalen Käfertreffen in Südamerika hatte ich noch nie etwas gehört.
»Walder«, fragte ich, um das unangenehme Thema zu wechseln, »wo ist eigentlich der Herr Würrgassen jetzt?«

»Da bin ich leider überfragt. Der ist in Rente gegangen oder auf eine andere Dienststelle versetzt worden … Was weiß ich?«
Große Pause.
»Jedenfalls ist er eines Tages für immer verschwunden.«
Pause.
»Mit seinem Nachfolger bin ich von Anfang an nicht klargekommen.«
Pause.
»Das ist so ein richtiger Birnenarsch!«

Eine wertvolle Erinnerung

»Einmal zeig ich dir die Großen Berge!« sprach gönnerhaft lächelnd der Walder. »Damit du mal siehst, was RICHTIGE Berge sind.« Er kramte aus seiner Hosentasche eine ziemlich zerfledderte und abgegriffene Ansichtskarte hervor, glättete sie notdürftig und erzählte weiter von den Bergen. »Da liegt der Schnee acht Meter hoch!«

Jaja, das wußte ich schon.

»Da kommen die Menschen manches Jahr überhaupt nicht ins Tal!«

Ich schielte auf die Karte.

»Weil da nämlich IMMER Winter ist.« Der Walder schien die Karte in seiner Hand schon wieder vergessen zu haben. Dann aber erwachte er wie aus einem Traum, wobei er ein bißchen zusammenzuckte. »Hier«, sagte er, »das bin übrigens ich, wie ich mit dem Fernglas in den Bergen steh und nach Italien runterblicke …«

Er überreichte mir die Karte, die jetzt, während ich dies schreibe, wieder vor mir liegt. Sie stammt vermutlich aus den fünfziger Jahren. Abgebildet ist so ein Lederhosen-Bursche mit gekreuzten Hosenträgern, den man von hinten sieht. Der in einem unendlich weiten Dunstgebirge steht und einen wunderschön kitschigen Regenbogen betrachtet. Der Regenbogen steigt aus ei-

nem lichtdurchfluteten Tal empor und sieht aus wie gemalt.
»Das Fernglas sieht man leider nicht«, sagte der Walder, »aber sonst ist es ja wohl deutlich.«
»Was denn?«
»Na, daß ICH das bin!«
Ich hatte da so meine Zweifel. Weiß auch nicht, warum, aber der Walder schien das zu merken. Kam zu mir, faßte mich bei der Schulter und sprach in feierlichem Ton: »Die schenk ich dir!«
Ich wollte sie erst nicht annehmen. Wenn das auf der Karte wirklich der Walder ist, hab ich gedacht, dann darf er die doch nicht so einfach wegschenken. Dann ist das doch eine wertvolle Erinnerung. Zumal er jetzt in Frankfurt lebt, was er, wie er ständig bekundet, überhaupt nicht gerne tut.
Ich hab also gesagt, daß ich mich zwar freue und so, daß ich die Karte aber nicht annehmen könne. Der Walder hat nicht lockergelassen. »Doch, doch«, hat er gerufen und ein paarmal auf die Karte getippt, »DIE schenk ich dir!«
Er hat sie ums Verplatzen nicht wieder genommen. »Geschenkt ist geschenkt«, hat er gesagt, »wieder holen ist gestohlen!«
Mann, wie hab ich mich da gefreut. So eine WERTVOLLE ERINNERUNG schenkte mir der Walder ... Ich hab mich rund zweihunderttausendmal bei ihm bedankt, hab ihn angestrahlt und war gerührt wie sonstwas. Vor lauter

Dankbarkeit und Gerührtheit wäre mir fast entgangen, wie der Walder einen alten Schuhkarton hervorholte, wie er ihn öffnete, wie er ihm einen Packen Ansichtskarten mit genau demselben Regenbogen-Gebirgsmotiv entnahm. »Ich hab noch mehr davon«, sagte er und steckte eine neue Karte in die Hosentasche.

So ein alter Lügenbeutel! Von wegen: »Das bin übrigens ich!« Von wegen: wertvolle Erinnerung. Wahrscheinlich hatte er den Schuhkarton auf irgendeinem Abfallhaufen gefunden!

Während er mich spitzbübisch angrinste, inspizierte ich meine Karte zum erstenmal genauer und entdeckte auf ihrer Rückseite einen Stempel vom Deutschen Jugendherbergswerk!

Deutsches Jugendherbergswerk, hab ich gedacht, damit hätten wir ihn schon fast überführt.

»Du glaubst mir wohl nicht!« sprach im Tonfall tiefster Entrüstung der Walder und begann mit einer ebenso umständlichen wie unglaublichen Erklärung. Demnach hatte sein Vater, bevor er in der Großwildjägerei beziehungsweise der Insektenforschung tätig geworden war, gute, um nicht zu sagen ausgezeichnete Beziehungen zum Deutschen Jugendherbergswerk unterhalten. Mehr noch: Sein Vater sei mit der Ersten Sekretärin des Deutschen Jugendherbergswerkes verlobt gewesen ...

»Ich denke, dein Vater ist gleich nach deiner Geburt nach Nordwestafrika gegangen!« sagte ich.

»Er glaubt mir nicht!« rief der Walder, lief zum Münzfernsprecher, nahm den Hörer ab und hielt ihn mir entgegen. »Da«, sagte er, »ruf ihn halt an und frag ihn selber!«

»Ein Freund ist ein Freund«, sagte ich, »oder aber er ist kein Freund! Ich glaube dir auch so.«

Jetzt betrachte ich die Ansichtskarte, die jahrelang in einem Karton mit alten Briefen und anderem Kram herumgelegen hatte. Und ich stell mich ans Fenster, schau in die Bäume vom Günthersburgpark und denk an diesen Spruch: »Ein Freund ist ein Freund.«

Früher hab ich auch oft am Fenster gestanden. Hab versucht, mir die großartigen Gebirge vorzustellen, von denen der Walder so geschwärmt hat. Die »herrlichen Sonn-Untergänge«. Die »prachtvollen Licht-Stimmungen im Gebirg!« Haarklein hat er mir beschrieben, wie sich das Sonnenlicht nach Einbruch der Dunkelheit von Gelb nach Orange, dann rot und violett verfärbt, bevor es schließlich ganz hinter der »mächtigen Bergwelt« verschwindet. Stundenlang konnte er davon schwärmen, wie »die ersten Sterne am blaßblauen Firmament« erscheinen. »Ach, wie die Sterne dort funkeln«, rief er begeistert, »Millionen und Abermillionen!« Er hielt mir Vorträge über das »Blau des Himmels«, über »Gebirgshimmel im allgemeinen und überhaupt«, und immer wieder behauptete er, ICH könne mir das gar nicht richtig vorstellen.

»Wieso nicht?« hab ich gefragt, und der Walder hat mir

mit viel Mitleid in der Stimme erklärt, es wäre mir nicht vergönnt, weil ich ja leider, leider bloß ein bedauernswertes Stadtkind sei.
»Aber eines Tages«, so versprach er mir, »gehen wir dahin. Und jetzt sag ich besser gar nix mehr!« Er wolle nämlich keinesfalls, daß ich neidisch sei auf seine wunderbare Kindheit, die er habe im Gebirg verleben dürfen.
Das wollen wir doch mal sehen, hab ich gedacht, als ich an diesem Abend nach Hause radelte. DAS wollen wir doch wirklich mal sehen! Mich hat es maßlos gewurmt, daß ich ein bedauernswerter Knabe sein sollte, bloß weil ich nicht in dieser saublöden Bergwelt aufgewachsen bin.
Ich hab mich ans Fußende meines Bettes gestellt, habe die Augen zusammengepetzt und geblinzelt. Ich habe in dieser Nacht, statt zu schlafen, stundenlang aus dem Fenster gestarrt und versucht, mir Walders Bergwelt vorzustellen. Ich hab sie mir so lange vorgestellt, bis ich tatsächlich nicht mehr in meinem Zimmer am Fenster stand, sondern in der wunderbarsten Bergwelt, die sich überhaupt nur denken läßt. Ich sah statt der Häuser unendliche Gebirge mit tiefen Tälern, die allmählich im Dämmerlicht versanken. Ich sah einen Sonnenuntergang, nach dem sich der Walder alle zehn Finger geschleckt hätte. Einen Sternenhimmel sah ich, von dem er nicht einmal zu träumen wagte …
Frohgemut radelte ich am nächsten Tag zur Schrebergar-

tensiedlung. »Hast du gestern zufälligerweise aus dem Fenster geschaut?«

»Wieso?« fragte der Walder.

»Hast du denn am Ende den Sonnenuntergang gar nicht gesehen?«

»Gestern?« tat der Walder erstaunt. »Gestern gab's doch keinen Sonn-Untergang. Da war doch alles bewölkt!«

»Ach was!« rief ich sehr bestimmt. »Wo hast du dich denn wieder rumgetrieben?« Und dann schwärmte ich von diesem prachtvollen Sonnenuntergang und davon, wie die Sonne »BLUTROT hinter den Dächern der Dornbusch-Siedlung« versank. Welch wunderbaren Blick, trotz nächtlicher Dunkelheit, man auf den Taunus gehabt hätte, wie sich der Große Feldberg »einsam und majestätisch« vom märchenhaft blauen Sternenhimmel abhob. »Nein«, rief ich begeistert, »ein Blau war das gestern am Himmel, DU wirst dir das wahrscheinlich gar nicht vorstellen können …«

»Gestern?« fragte der Walder verdutzt.

»Freilich!« sagte ich bestimmt und fing noch mal von vorne an. »Ein Blau, sag ich dir! Das läßt sich beim besten Willen nicht beschreiben. Und dann dieser Sternenhimmel, einfach phantastisch! Die vielen Sterne, wie sie funkelten und glimmerten, äh, schimmerten …«

So langsam gingen mir die Worte aus. »Und die Sonne, sag ich dir: wie sie blutrot am Himmel versank, äh, hinter den Dächern verschwand …«

Der Walder sagte nichts, und ich war nun wirklich am

Ende mit meinem Latein. Anfänglich schien ihn meine Beschreibung des gestrigen Sonnenuntergangs durchaus beeindruckt zu haben, jetzt flackerte schon wieder dieses spöttische Grinsen auf, das ich nur zu gut kannte.
»Ein Blau«, sagte ich noch ein letztesmal, denn so leicht wollte ich mich nicht geschlagen geben, aber dann war ich doch erleichtert, als er mir seinen Arm um die Schulter legte und sagte: »Wir gehen dahin!«
Er schob mich mit sanftem Druck durch die Hütte, als wären wir bereits auf dem Weg. »Eines Tages gehn wir da WIRKLICH hin!« sagte der Walder. »Damit du einmal siehst, was RICHTIGE Sonn-Untergänge sind und RICHTIGE Gebirge!«
Jetzt steh ich manchmal im zweiten Stock der Hartmann-Ibach-Straße, schau in den Park gegenüber und seh Sonnenuntergänge, wo gar keine sind. Seh märchenhafte Sternenhimmel, auch wenn der Himmel überm Frankfurter Nordend grau und schwarz und ziemlich bewölkt ist. Ich seh Gebirge hinterm Günthersburgpark, und ich seh die Großen Geister in den Bäumen. Höre sie flüstern, wispern, tuscheln …
Und dann denk ich plötzlich, PAPPER-LA-PAPP, du hättest ihn suchen sollen! Was heißt sollen … MÜSSEN!

Weggesperrt

Inzwischen hat es sich hier im Haus herumgesprochen, daß ich angefangen habe, Walders Geschichte aufzuschreiben. »Find ich gut!« hat der Mischa gesagt und mir heute morgen eine alte Rundschau an die Tür gesteckt. »Das könnte dich interessieren«, stand auf dem Zeitungsrand. Ein Artikel war angekreuzt.

»Wieder einmal«, war da zu lesen, »ist ein Mensch IRRTÜMLICHERWEISE in einer Nervenheilanstalt eingesperrt gewesen. Der heute 42jährige Markus B. verbrachte 15 Jahre seines Lebens hinter Anstaltsmauern, obwohl er, wie Gutachten bestätigen, geistig völlig normal ist. Der Eindruck verdichtet sich, daß Markus B. seinen Angehörigen unbequem geworden war ...«

Ich überflog den Artikel, las aber eine der von Mischa gelb angestrichenen Stellen genauer: »Die Menschen glauben ja, daß für die, die weggesperrt werden, nur in der Anstalt richtig zu sorgen sei. Daß es eben im ›wohlverstandenen Interesse der Betroffenen‹ sei, wie es immer heißt, wenn sie weggesperrt würden.

In Wirklichkeit sind solche Vorstellungen nichts anderes als ein Spiegelbild unserer eigenen Ängste vor dem Anders-Sein. Es wäre wichtig, die Menschen aus diesen Vorstellungen zu holen und zusammen mit ›Anders-Seienden‹ zu leben. Mit Behinderten, mit Verrückten oder

Ausländern zu leben. Weil eben dies die Möglichkeit schafft, Angst zu überwinden.«
Ich mußte diese Stelle zweimal lesen. Ich meine, Gutachter und solche Leute, die reden oft ein Zeug! Ich hab erst gar nicht kapiert, wen der mit den ANDERSSEIENDEN meinte.
Aber ANDERS war der Walder schon. Ganz anders sogar. Vielen aus der Schrebergartensiedlung hat das mächtig gestunken. Und wo was stinkt, da gibt's dicke Luft.

Die Düsternis, die stockfinstre Nacht

Es war am Tag nach den Weihnachtsferien, an meinem ersten Schultag im neuen Jahr. Ich war wie immer mit dem Rad gekommen. War sogar extra eine Stunde früher aufgestanden. Hatte Walder und seine Mutter überraschen und mit ihnen frühstücken wollen. Ich hatte sogar einen Kuchen mitgebracht. Und eine Thermoskanne voll mit heißem Kaffee.

Richtig toll hatte ich mir das vorgestellt. Mama hatte den Kuchen gebacken und gesagt: »Bring den deinem Freund! Sag ihm, daß ich ihm ein GUTES NEUES JAHR wünsche. Ihm und seiner Mutter. Sag ihm, ich würde ihn gerne einmal kennenlernen. Wenn er mag, soll er uns mal besuchen. Er ist JEDERZEIT WILLKOMMEN!«

Mann, wie hab ich mich gefreut. »Jederzeit willkommen!« So schnell ich mit dem Kuchen konnte, bin ich zur Schrebergartensiedlung geradelt und …

Nun stand ich da mit meinem Käsesahnekuchen in der Hand. Starrte auf diesen Trümmerhaufen. Starrte ungläubig auf dieses Durcheinander aus Brettern, Bohlen und zersplittertem Glas. Glotzte auf eingerissene Hüttenwände, auf Walders Malereien, die überall in Fetzen lagen. Ich sah kaputte Stühle, aufgerissene Farbeimer, umgekippte Dosen, aufgeschlitzte Plastiktüten …

Das Gartentor war nur angelehnt. Einen Moment lang

hatte ich die wahnwitzige Hoffnung, der Walder sei nur mal schnell um die Ecken gerannt und käme just in diesem Augenblick …

Wir hatten uns ewige Zeiten nicht mehr gesehn. Zwölf lange Tage lang. Ich war mit meiner Mutter bei Tante Gerdi und Onkel Heinz in Hamburg gewesen. Erst wollte ich gar nicht mit.

Als wir dann in Hamburg waren, hab ich ständig gedacht, wann fahren wir endlich? Ich muß doch wieder zum Walder …

Eine gelb-grün gestreifte Zickzack-Schlange hing über einem Balken, als hätt sie einer mit der Axt erschlagen. Ein Fratzenschneider starrte mich mit fassungslos aufgerissenen Augen an.

»Was ist denn passiert?« fragte ich ihn leise, aber was sollte er mir antworten. Er schaute mich bloß mit seinen vom Regen verwaschenen Augen an und sagte kein Wort.

Ach, wär ich doch bloß nicht mit nach Hamburg gefahren!

Meine Eltern hatten sich an Heiligabend heftig zerstritten. Während ich unterm Weihnachtsbaum hockte, Geschenke auspackte, zischten sie sich an. Warfen sich böse Blicke zu und gestikulierten hinter meinem Rükken.

Mich hat das nicht interessiert. Hauptsache, ich hatte das Fernglas bekommen, das ich mir so sehr gewünscht hatte.

Ich hab also durch mein neues Fernglas geguckt, hab am

Scharfstellrad gedreht und zum Beispiel die Kerzenlichter vom Weihnachtsbaum angeschaut. Hab die Lichter scharf gestellt, dann wieder unscharf, immer abwechselnd.

Sehen konnte ich meine Eltern nicht. Aber hören, wie sie immer lauter wurden. Mama meinte, wir sollten doch wenigstens das Weihnachtsfest friedlich miteinander verbringen, worauf mein Vater sagte, sein Weihnachtsfest sei ihm sowieso schon verdorben.

Er sagte: »Dein Sohn kann ja seine Weihnachtsfeste in Zukunft mit dem ANDEREN verbringen. Ich wünsche schon jetzt VIEL VERGNÜGEN!« Damit verließ er das Zimmer. Am zweiten Weihnachtsfeiertag ist er dann ganz verschwunden, und Mama meinte, sie brauche jetzt erst mal Abstand!

Zwölf Tage später stand ich vor Walders Garten, besser gesagt, vor dem, was von dem Garten übrig war.

»Walder«, rief ich, »bist du da?« Wußte natürlich selber, daß das Quatsch war, absolut sinnlos, aber …

»Hörst du mich?« rief ich. »Wo steckst du denn bloß?«

Geisterfiguren mit zerbeulten Köpfen und verrenkten Gliedern, die Verjagungs- und Vertreibungszeichen, ALLES lag auf diesem gottverdammten Haufen. Es war, als hätte mich einer in einen bösen Traum gestoßen. Ich stand da und konnte es nicht fassen.

Wie oft hatte der Walder über die »Damen und Herren« geredet. Hatte immer wieder behauptet, die würden nur drauf warten!

»Worauf denn, Walder?«
Keine Antwort.
Die »Damen und Herren« – wer sollte das sein? Sicher, die Leute von der Schrebergartensiedlung waren sauer auf ihn, aber waren das die Damen und Herren, die der Walder meinte? Und worauf warteten sie?
Sie wollten doch nur, daß der Walder seinen Garten in Ordnung brachte, und das konnte ich sogar ein ganz klein bißchen verstehen. Er hat sich nie um Unkraut gekümmert, er ließ alles wachsen, wie's grad kam. Er hat seinen Garten total verwildern lassen. Von wegen Obstanbau und Gemüsezucht … Er hat da nie einen Finger gekrümmt. Sein Garten war eine Art Gerümpel-Museum, ein Sammellager für seine verrückten Ideen, ein Abenteuerspielplatz für den Walder und für mich … Aber war DAS ein Grund?
Ich stellte einen Rot-Eimer gerade, aus dem die Farbe herausgequollen war wie dickflüssiges Blut. Wie hatte der Walder bei einem unserer letzten Treffen gesagt: »Farben leben, wußtest du das?«
»Kann sein«, hatte ich geantwortet, »ist mir auch egal!« Ich hatte ganz andere Dinge im Kopf. Meine Eltern hatten sich am Abend zuvor mal wieder gestritten. Sie gifteten sich an, warfen sich haßerfüllte Blicke zu, wenn sie meinten, daß ich es nicht mitkriegte. Wenn ich ihnen aber direkt über den Weg lief, taten sie, als ob nix wär.
Ich weiß auch nicht, warum Erwachsene immer so tun, als seien Kinder kleine Wesen, die nix merken und nix

spüren. Ich habe jedenfalls genau gemerkt, was zwischen denen lief. Und als die Sache beim Abendessen so weiter ging – die Luft war zum Schneiden, aber mir gegenüber machten sie die große Show –, da hörte ich mich plötzlich fragen: »Wieso laßt ihr euch eigentlich nicht scheiden?«

Wie mit einem Schlag herrschte Stille im Raum. Nicht mal die Wanduhr tickte. Meine lieben Eltern saßen da, als hätte ich sie bei was Unanständigem ertappt. Keiner sagte ein Wort. Die Zeit schien sich endlos zu dehnen.

Am liebsten hätt ich meine Frage zurückgenommen. Am liebsten hätt ich wer weiß was getan, um die beiden wieder zueinander zu bringen, aber dafür war es längst zu spät. Mein Vater erhob sich wie in Zeitlupe. Nahm unendlich langsam seine Brille von der Nase und sagte, während er sich mit der Hand über seine müden, runzligen Augen fuhr: »Dein Sohn!«

Mama vergrub ihr Gesicht in beide Hände und flüsterte: »Ach, hör doch auf!«

Und ich? Ich schmierte mir ein weiteres Kalbsleberwurstbrot, belegte es mit dünnen Gewürzgurkenscheiben und biß hinein. Das ging mir durch den Kopf, als der Walder mich über das Wesen der Farben belehrte. Ich fragte mich ständig: Trennen sie sich jetzt wirklich?

Kaum waren wir wieder in der Hütte zurück, steckte der Walder den Blau-Pinsel in den Eimer mit der blauen Farbe, schwenkte ihn durch die Luft und rief: »Die Farbe Blau! Da wird es einem schwindlig davon ...«

Mir war's schon schwindlig genug, aber der Walder fing an, sich ganz langsam im Kreis zu drehn. Breitete die Arme aus, drehte sich allmählich schneller und immer schneller. Die Farbe spritzte in weitem Bogen in den Raum hinein, der Walder drehte sich, und ich schloß die Augen.

»Paß nur auf«, sagte ich, »eines Tages kommen sie dich holen!«

»PAH!« machte er, nahm den Grün-Pinsel und hüpfte nun, mit zwei Pinseln bewaffnet, wie ein Zwei-Zentner-Elfchen durch die Hütte. Schlenkerte die Arme, als wollt er jeden Augenblick davonfliegen …

Ich konnte nicht mehr! Hab mich aufs Schäselong plumpsen lassen und gedacht, dann laß ihn halt. Hab nur noch dagesessen und ihm zugeschaut. Und zugehört, denn nun sang er plötzlich mit einer hohen Fistelstimme:

»Der schönste Platz, den ich auf Erden hab,
das ist die Rasenbank am Elterngrab,
der liebste Platz, den ich auf Erden haaab,
das ist die Ra-sen-bank am El-tern-graaab!«

Er sang dieses Lied in allen Variationen. Mal war's der schönste Platz, mal der liebste. Es war zum Verrücktwerden! Ich hab mir irgendwann die Ohren zugehalten und ganz laut »BLÖDSINN!« geschrien. »Das ist doch alles Blödsinn!«

Da hörte der Walder auf zu singen. Brachte die Pinsel auf ihre Plätze zurück: Den Blau-Pinsel legte er auf den Blau-Eimer, den Grün-Pinsel auf den grünen. Dann zog er aus dem Schwarz-Eimer einen mit schwarzer Farbe getränkten Pinsel hervor und malte, wo er gerade stand, die Wand mit schwarzer Farbe an.
»Das ist kein Blödsinn«, sagte er, »das ist die Düsternis, die stockfinstre Nacht!«

Kein Mensch verschwindet einfach so

Ich könnte nicht sagen, wie lange ich vor Walders Garten stand. Minuten? Stunden? Ich weiß es nicht.
Ich starrte nur immerzu auf diesen großen Trümmerhaufen wie auf einen zertrümmerten Traum. Und weil keiner kam, mich zu wecken, blieb ich stehen.
Alles hatten sie zerstört, aber auch wirklich ALLES! Es gab keine bemalte Hütte mehr, es hingen keine Zeichen mehr in den Büschen und Bäumen. Sie waren abgehängt und mit den Geisterköpfen, den Zickzack-Schlangen, den Verjagungs- und Vertreibungstafeln auf diesen großen Haufen geschmissen worden. Der Münzfernsprecher, der Kinderwagen mit den magischen Kräutern, der zweiflammige Propangaskocher und die Farbeimer, ALLES lag auf diesem gottverdammten Haufen. Ich sah den Drehsessel der Mutter, dessen Kunstlederbezug aufgerissen war und wie eine Wunde klaffte. Ich sah ein Ding, bestehend aus zwei verrosteten und dreckverschmierten Eisenscharnieren. Das untere Scharnier hielt ein paar zerzauste Vogelfedern. Die gelben, grünen und orangefarbenen Wollfäden waren vor lauter Dreck und Matsch fast nicht mehr zu erkennen …
Der Hochzeits-Ohrring der Prinzessin Assambola!
NIE hatte ich geglaubt, daß dieses Ding tatsächlich der Hochzeits-Ohrring einer Prinzessin aus Nordwestafri-

ka gewesen war. Ich hatte diese Geschichte, wie viele andere auch, für erstunken und erlogen gehalten. Jetzt nahm ich das verklumpte und zerfledderte Ding wie einen Schatz an mich, reinigte es, so gut ich konnte, und die Tränen liefen mir übers Gesicht.

Ein Junge heult nicht? Ach, laßt mich doch in Ruh! Ich heulte Rotz und Wasser und lief los. Ich heulte wie ein kleines Kind und irrte in der Gegend herum. Wollte den Walder suchen, wollte ihn wiederfinden, wenn ich auch nicht wußte, wo. Wo hätte ich ihn suchen sollen, wie ihn wiederfinden? Ich wußte doch, SIE hatten ihn geholt.

Sie? Was spielte es für eine Rolle, wer SIE waren? Die Polizei, die vom Irrenhaus, die Damen und Herren ... Völlig egal!

Wie oft hatte er mir erklärt, sie würden nur DRAUF WARTEN! Immer und immer wieder hatte er mir von ihnen erzählt. Hatte mich eindringlich vor ihnen gewarnt, vor ihrer Boshaftigkeit und ihrer List. Vor ihren gemeinen Lügen und Tricks.

»Gierig sind die wie die Blutsauger!« hatte er gesagt. »Weil sie selber todsterbensunglücklich sind, gönnen sie keinem andern sein Glück. Alles wollen sie beherrschen, alles müssen sie haben. Haben, haben, haben. Sie quälen die Menschheit seit Jahrtausenden und geben nicht eher Ruh, bis die ganze Welt ist wie ein toter Stein!«

Ehrlich gesagt, mir war das zu hoch. Seine flammenden Reden gingen mir manchmal schrecklich auf die Nerven.

»Von wem redest du?« hab ich gefragt. »Wo stecken die denn?«
»DIE stecken ÜBERALL!« hat er geantwortet. »In den Amtsstuben, in den Büros. Die hocken in den Glaspalästen und wer weiß wo.«
Der Walder hatte eine Art zu reden! Wie der Herr Oberstaatsanwalt persönlich. Ich hab irgendwann einfach nicht mehr zugehört. Hab nur immer »jaja« gesagt und gedacht, nun beruhige dich mal wieder!
Jetzt lief ich heulend durch die Schrebergartensiedlung und rief seinen Namen. Fragte einen Mann, der mir entgegenkam. »Walder?« fragte er zurück. »Wer soll denn das sein?«
»Sie kennen doch den Garten mit den vielen bunten Schildern! Da hinten, den letzten vor dem großen Zaun!«
»Ach, DEN! Was ist denn mit dem?«
War das die Möglichkeit? Konnte er wirklich so ahnungslos sein, oder verstellte er sich bloß?
»Verschwunden«, sagte ich, »einfach nicht mehr da!«
»Das gibt es nicht«, sagte der Mann. »Kein Mensch verschwindet einfach so!«
»Aber wenn ich's Ihnen doch sage!«
»Dann such ihn halt«, sagte der Mann und lächelte mich aufmunternd an. Und weil er meine verheulten Augen sah, strich er mir freundlich über den Kopf. »Na, na, na, irgendwo wird er schon sein!«
Anscheinend wußte er wirklich von nichts. Als ich mich

nach ein paar Metern noch einmal nach ihm umdrehte, winkte er mir zu.
Eine Frau, die eine Kittelschürze über ihrem Wintermantel trug, schnitt gerade Tannenzweige von einem abgeschmückten Weihnachtsbaum, an dem noch ein paar Lamettafäden hingen. Sie bedeckte die Beete mit den Zweigen, wohl um sie gegen Frost zu schützen.
Erst wollte sie gar nichts sagen, dann meinte sie: »Den haben sie geholt!«
»Wie: geholt? Wer denn, wann denn und warum?«
»Was weiß ich!« Sie schaute nicht mal hoch. »An Weihnachten. Der war ja völlig durchgedreht!«
Sie legte weiter Zweige auf das Beet. »Mit einem Krankenwagen sind sie gekommen. Mir tut nur die alte Frau leid!«
Sie schnitt wieder Zweige vom Baum. »Uns hat er auch alles vollgeschmiert!«
»Wie: vollgeschmiert?«
»Eine Sauerei ist das!« Zum erstenmal schaute sie mich an, deutete mit der behandschuhten Hand zu ihrer Gartenhütte, an der ich ein paar rote Farbflecken entdeckte.
»War das der Walder?« fragte ich.
»Na, wer denn sonst!« Sie nahm einen Packen Tannenzweige und lief ins hinterste Garteneck.
»Warten Sie doch mal!«
Aber sie tat, als wär ich Luft. Legte Tannenzweige auf Blumenbeete, obwohl da hinten schon alles abgedeckt war.

»He, Sie da!« rief ich noch einmal, aber sie tat, als wäre sie ganz und gar in die Arbeit versunken. In Wirklichkeit beobachtete sie mich aus den Augenwinkeln, ich hab's genau gespürt. Ihr Kopf drehte sich fast unmerklich zur Seite. Immer wieder musterte mich ihr verstohlener Blick. So ein Wann-verschwindest-du-endlich-Blick, ein Ich-will-damit-nichts-zu-tun-haben-Blick.

»Du alte Gewitterhexe!« schrie ich wutentbrannt, klatschte ihr den Käsesahnekuchen gegen das Gartentor, rannte zu meinem Rad und raste nach Hause. Schule war jetzt Nebensache. Ich trat in die Pedale, ich schwitzte und heulte. Knallte das Rad, ohne abzuschließen, an die Hauswand, klingelte Sturm und flog die Treppenstufen rauf. Zum Glück war meine Mutter noch da.

»Sie haben den Walder geholt!« schrie ich. »Die schaffen den ins Irrenhaus. Und die Mutter kommt ins Altersheim, das müssen wir verhindern!«

Mama war herausgeputzt, als wollte sie wer weiß wohin. Trug ihren guten Ausgehmantel, hatte die Haare hochgesteckt und mit einem Tuch umwickelt. War ganz dezent geschminkt und sah einfach klasse aus.

»Wo gehst denn DU hin?«

»Ja weißt du ...«, sie wurde richtig verlegen, »ich ...«

»Wir müssen den Walder holen! Und zwar sofort!«

Sie sagte: »Eigentlich hatte ich mir diesen Tag etwas anders vorgestellt ...«

Ich schrie, ich hätte mir den Tag auch anders vorgestellt, aber jetzt müßten wir DAHIN!

»Wohin denn?« fragte sie. »Wovon redest du überhaupt? Und wieso bist du nicht in der Schule?«
Sie hatte NICHTS begriffen, überhaupt nichts. Obwohl ich fast explodiert wäre, erklärte ich noch einmal ausführlich, was passiert war. »Sie haben die Hütte zusammengehauen und den Walder geholt. Die schaffen den ins Irrenhaus …«
Es dauerte und dauerte, aber dann saßen wir endlich in der Straßenbahn Richtung Niederrad. Fuhren mit der Linie 12 zur Niederräder Nervenklinik. Ich mußte meiner Mutter den ganzen Weg über erklären, was eigentlich vorgefallen war. Daß wir den Walder und seine Mutter zu uns nach Hause holen müßten. »Wo doch jetzt seine Hütte fort ist und das Zimmer vom Papa leer!«
Mama sagte immer nur »jaja« und: »Wir wollen mal sehn!« Ich glaub, sie hat mir gar nicht zugehört. Ist zwar mit mir zur Niederräder Klinik gefahren, hat sich dort beim Empfang erkundigt, ob sie was »von einem Patienten Walder« wüßten …
»Familienname?« hat der Typ gefragt.
»Nur Walder!« hab ich behauptet, woraufhin der Typ kopfschüttelnd in einem Buch blätterte und meinte, bei ihnen gäb's keinen Walder.
»Da kann man nichts machen«, hat meine Mama gesagt und wollte schon wieder Richtung Ausgang, aber ich hab geschrien: »Der MUSS bei Ihnen sein. Ich weiß es ganz genau!« Ich hab die Mama gar nicht mehr zu Wort kommen lassen. Ich hab nämlich genau gespürt, wie un-

angenehm ihr die ganze Sache war. Richtiggehend peinlich.
Ich schwätzte so lange auf sie ein, bis sie den »diensthabenden Arzt« rufen ließ. Das fand ich dann wieder klasse. Das wär mir nämlich nicht eingefallen.
Der diensthabende Arzt war so ein graumelierter Weißkittel, gestriegelt und gebügelt, mit blitzblankem Lächeln und perfekten Manieren. Er strahlte uns mit seinem Pferdegebiß an, fragte: »Gnädige Frau, was kann ich für Sie tun?«
Ich hab ihm gleich erklärt, was er für uns tun kann, worauf er – »Einen kleinen Augenblick, bitte!« – im Nebenraum verschwand und kurze Zeit später mit einem aufgeklappten Buch wiederkam. Er fuhr mit dem Zeigefinger endlose handgeschriebene Namensspalten lang, sagte: »Das werden wir gleich haben. Wann, sagten Sie, ist der Patient bei uns aufgenommen worden?«
Mama schaute mich fragend an.
»Weihnachten!«
»Ich meine mich sogar zu erinnern«, lächelte der Graumelierte und blätterte ein paar Seiten zurück. »Jawohl, da haben wir ihn!« Sein Zeigefinger stand unter einer Namenszeile. »Ihr Herr Walder und seine Frau Mutter wurden am Abend des zweiten Weihnachtsfeiertages bei uns aufgenommen.«
»Na, Gott sei Dank!« Felsbrocken der Erleichterung fielen mir von der Seele. Ich hätt ihn knutschen können, den diensthabenden Herrn Doktor, der nun mit seinem

gepflegten Zeigefinger die Namensspalte nach rechts weiterfuhr.

»Aus dieser Eintragung geht aber auch hervor, daß die beiden auf ihren ausdrücklichen Wunsch hin nach Süddeutschland weitergeleitet wurden, und zwar – Moment – am neunundzwanzigsten Dezember.« Der Graumelierte lächelte nun zum erstenmal auch mich an.

Wie? Was? Ich hatte wohl nicht richtig gehört. Auf ausdrücklichen Wunsch nach Süddeutschland?

»Ja, wohin denn da in Süddeutschland? Wohin denn da genau?«

Der Graumelierte lächelte, klappte aber sein Buch zu. »Tut mir leid! Da ich vermute, daß Sie NICHT zur Familie gehören ...?« Er schaute meiner Mama eindringlich in die Augen, die wieder schaute mich an. »Wenn Sie nämlich nicht zur Familie gehören, wie ich wohl mit Recht annehmen darf, bin ich NICHT BEFUGT, Ihnen weitere Auskünfte zu erteilen.«

»Der hat doch gar keine Familie!« schrie ich, aber Mama zog mich fort. »Da kann man nichts machen«, sagte sie, diesmal eine Spur bestimmter, und zog mich Richtung Hauptausgang. »Auf Wiedersehen und vielen Dank!«

»Keine Ursache«, rief, charmant lächelnd, der Graumelierte.

»Dich bring ich um!« rief ich, bebend vor Zorn, aber meine Mutter entwickelte ungeahnte Kräfte. Zog mich aus dem Empfangsgebäude auf die Straße, zog mich bis zur Straßenbahnhaltestelle, zog mich, als die Straßenbahn in die Haltestelle einfuhr und die Tür sich automatisch öffnete, in den Wagen hinein und ließ mich erst wieder los, nachdem sich die Tür automatisch hinter uns geschlossen hatte und der Wagen, mit kräftigem Ruck, angefahren war.

»Du bist eine Verräterin! Wieso hast du mir nicht geholfen?« Ich heulte, ich meckerte, ich fluchte. Ich sagte, daß die Welt ein einziger Kackhaufen wär.

Sie sagte: »Jaja.«

Ich sagte, daß ich hoffte, daß bald einer käme, der die ganze Welt in die Luft sprengen tät. Ich sagte, daß ICH ihm, wenn er endlich käme, bei der Sprengung der Welt helfen würd, und zwar höchstpersönlich. Und den Graumelierten tät ich mir obendrein vorknöpfen. Dem würd ich mit meinen bloßen Fingern die Luft abdrehn, bis er vor mir im Staub läge und um Gnade winselte.

Meine Mutter hörte sich alles an und sagte immer nur »jaja«. Wahrscheinlich war sie nur aus Pflichtgefühl mit mir da hingelatscht, jetzt hatte sie genug davon. Und ich, ich haßte sie mit ihrer saudummen Jaja-Sagerei. Ich haßte sie wirklich, und ich malte mir in den schrecklichsten Farben aus, wie ich mich gleich aus der Straßenbahn stürzen und vor die Räder werfen würde, wie mein armer, lebloser Körper in Fetzen gerissen würde, aber dann wär es zu spät. Dann könnte sie jammern noch und noch. »Mein einziges Kind, o du mein armes, einziges

Kind!« Der Leichenwagen würde mich abtransportieren, und meine Mutter würde bei meiner Bestattung ohnmächtig zusammenbrechen, aber das wäre mir dann auch egal!

Wir fuhren zur Hauptwache, und sie spendierte mir, obwohl eiskalter Winter war und sie sonst immer sagte, im Winter gäb es kein Eis, also, sie spendierte mir ein Eis mit fünf Kugeln und Sahne obendrauf! Und im Westernstore auf der Zeil bekam ich ein paar neue Levis. Dann sind wir ins Café der Tierfreunde, und ich durfte mir bestellen, was ich wollte. Ich hab immer weiter gemekkert und gemotzt, hab mir Mohnkuchen mit Sahne bestellt und Kakao, ebenfalls mit Sahne. Hab gedacht, soll mir doch schlecht werden! Ist alles ihre Schuld.

Mir wurde aber leider kein bißchen schlecht, und mit der Zeit ließ meine Meckerpower nach. Mama war einfach keine richtige Gegnerin, sie meckerte kein bißchen zurück. Im Gegenteil. Wir hätten noch eine Verabredung, sagte sie, als ich einen warmen Apfelstrudel mit Vanillesoße in mich reinschaufelte. Eigentlich hätte sie mich ja heute von der Schule abholen wollen, aber nun sei alles ein wenig anders verlaufen.

»Da kann man halt nichts machen.«

Wir fuhren mit einem Taxi ins Frankfurter Westend und stiegen vor einem piekfeinen italienischen Restaurant aus, liefen die paar Stufen hoch. Wir waren noch nicht ganz oben, als die Eingangstür wie von unsichtbarer Hand geöffnet wurde. Ein Typ mit einer Schürze, die bis

zum Boden reichte, schüttelte uns beiden die Hand, als ob er uns kennen würde, und sagte: »Bonn dschorno!« Und ein anderer nahm Mamas Mantel und verlangte meinen Anorak. Ich wollt ihm meinen Anorak nicht geben, aber Mama sagte, das sei so üblich, und außerdem: »Den kriegst du ja wieder!«
Wir wurden an einen Tisch geführt, der für drei gedeckt war. Wohlgemerkt für DREI, das machte mich schon wieder stutzig. Es brannten auch lange rosa Kerzen, und es standen drei verschiedene Gläser an jedem Platz. Einer dieser Typen mit den langen weißen Schürzen rückte einen Stuhl zurecht, lächelte mich an und fragte, ob ich mich nicht setzen wolle.
Mama, die bereits saß, lächelte ihr allerliebstes Mama-Lächeln. »Setz dich, Schatz, gleich gibt's noch eine Überraschung!«
Was denn für eine Überraschung? dacht ich, aber es dauerte keine zwei Minuten, da kam sie, die Überraschung. Ein großer schlanker Kerl mit blonden Haaren, der genau vor unserem Tisch stoppte, Mama voll auf den Mund küßte und »Na DUUUU!« flüsterte. Der dann auf mich zusteuerte, mir so von Mann zu Mann auf die Schulter schlug und »Servus, Uli!« sagte. »Wird ja höchste Zeit, daß wir uns mal kennenlernen!« Er grinste mich siegerhaft an.
Wieso höchste Zeit? dacht ich und wär am liebsten in die Speisekarte gekrochen. Was wird hier überhaupt gespielt?

Und Mama sagte leicht errötend: »Uli, das ist der Mischa!«
Ja und? hab ich gedacht. Was soll das bedeuten: Das ist der Mischa!?

Allgemeine Verschiebungen

Als ich am nächsten Morgen zur Schule radelte – diesmal fuhr ich außen um die Schrebergartensiedlung herum –, trug ich ein von Mama verfaßtes Entschuldigungsschreiben bei mir. »Sehr geehrter Herr Arabin, leider hat mein Sohn Uli wegen einer dringenden Familienangelegenheit den gestrigen Schultag versäumen müssen ...«

Der Arabin las den Brief und fragte: »Was gab es denn so Dringendes, daß der Herr ausgerechnet am ersten Tag nach den Ferien hat fehlen müssen?«

Blödmann, hab ich gedacht, aber wie ein vom Schicksal Geschlagener unter mich geblickt. Und mit stockender Flüsterstimme gesagt: »Meine Eltern lassen sich scheiden!«

»ACH«, machte der Arabin, »DAS ist etwas anderes! DAS tut mir aber leid!«

»So schlimm ist es auch wieder nicht«, sagte ich, »die Mama hat schon wieder 'nen Neuen!«

Ein paar in der Klasse kicherten.

»Nun setz dich erst mal hin«, sagte der Arabin mit besorgtem Gesichtsausdruck, »und versuche dem Unterricht zu folgen, so gut es geht!«

Aber ich folgte dem Unterricht kein bißchen. Für Interpunktionsregeln bei eingeschobenen Nebensätzen war in meinem Kopf beim besten Willen kein Platz. Ich dachte an den vergangenen Mittag in dem feinen italienischen Restaurant, und ich dachte an den Neuen, den Mischa. Was hatte der nicht alles für großartige Geschichten von diesem großartigen Haus im Frankfurter Nordend erzählt. Die Mama und ich, wir könnten, wenn wir nur wollten, jederzeit dort einziehen …

Vor allem dachte ich aber an den Walder. An dessen zertrümmerten Garten. Und ich stellte mir den Walder in einem gestreiften Irrenhauskittel vor, hinter vergitterten Fenstern … Mir kamen fast schon wieder die Tränen.

Der Arabin kam immer mal wieder an meinem Platz vorbei und tätschelte mir, so ganz unauffällig, den Kopf. Sicher glaubte er, daß ich wegen der Scheidung meiner Eltern so bedröppelt rumhing, aber an die hab ich überhaupt nicht gedacht.

»Alles ist in ständiger Bewegung!« hatte der Walder bei einer unserer letzten Begegnungen gesagt. DARAN mußte ich denken. Und ich überlegte, wie er wohl wieder auf so etwas gekommen war. Plötzlich hatte er von den »allgemeinen Verschiebungen« angefangen und damit auch so schnell nicht wieder aufgehört. »Auch die Gegenstände verschieben sich«, behauptete er, »die festen wie die losen. Die sichtbaren wie die unsichtbaren …«

Es war ein kalter, klarer Tag gewesen. Ausnahmsweise regnete es mal überhaupt nicht. Der Himmel war blau und wolkenlos. Wir zogen einen alten Quietsche-Kinderwagen ohne Räder hinter uns her. Walder sagte, die Dinge würden sich bei Tag ebenso verschieben wie in

der Nacht. Ich aber überlegte: Wie er wohl den Kinderwagen bemalen wird?
Wir hatten ihn auf einem Sperrmüllhaufen in der Dornbusch-Siedlung entdeckt. Der Walder hatte sofort begeistert ausgerufen: »DEN kann ich brauchen! Den kann ich sogar sehr gut gebrauchen ...«
Weil er ihn bemalen will, hab ich gedacht, aber der Walder bemalte den Kinderwagen überhaupt nicht. Hackte, kaum daß wir in seinem Garten angekommen waren, mit einem Spaten auf der hartgefrorenen Erde rum und legte die mühsam freigeschaufelten Klumpen und Brokken mit bloßen Händen in den Kinderwagen hinein.
»Im Frühjahr wachsen hier magische Kräuter!«
»Magische Kräuter?«
»Freilich«, grinste der Walder, »Heil- und Zauberkräuter aus Afrika. Hast du wohl auch noch nie was von gehört!«
Um ehrlich zu sein, nein! Wieder mal stand ich kopfschüttelnd und ein wenig verlegen da. Wieder mal beschäftigte mich die Frage: Bin ich einfach nur dumm und unwissend, oder erzählt mir der Walder wieder irgendeinen Mist?
Als er nun eiligst in der Hütte verschwand, winkte mir die Mutter freundlich zu. Wenige Sekunden später war der Walder wieder da. Das Fernglas baumelte um seinen Hals, in den Händen trug er einen kleinen Schemel.
»Dann wollen wir mal schaun!« rief er frohgemut und trug den Schemel genau in die Gartenmitte, stellte sich

mit vollem Schwung auf den Schemel und … segelte der Länge nach hin. »Autsch!«

Der Schemel war ein klitzekleines Wackelding, der Walder dagegen, ich hab's schon oft genug gesagt, ein hünenhafter Kerl. Nach einigen zittrigen, vergeblichen Versuchen stand er aber endlich auf dem Schemel in der Mitte seines Gartens, und ich stand dicht daneben.

Natürlich war ich sehr gespannt. Der Walder nahm das Fernglas, hielt es sich vor die Augen, drehte am Scharfstellrad und … sagte kein Wort. Schaute stumm in den wolkenlos blauen Himmel hinauf. Ich behielt sicherheitshalber den Schemel im Auge, doch der Walder stand ruhig und sicher. Eigentlich hatte ich erwartet, er würde mir die Sache mit den Verschiebungen und Veränderungen ein wenig ausführlicher erklären, aber auch in dieser Hinsicht tat sich nichts.

So starrten wir gemeinsam in den wolkenlos blauen Himmel hinauf. Ich konnte jedoch beim besten Willen nichts Bemerkenswertes erkennen … Ich dachte an das Weihnachtsfest, das unmittelbar bevorstand, und überlegte, ob ich es wohl wagen konnte, meine Eltern zu fragen, ob der Walder uns an einem der Feiertage mal besuchen dürfte.

Nachdem wir allmählich am Boden festgefroren und unsere Gesichter blau angelaufen waren, sah ich kleine weiße Wölkchen am Himmel aufziehen. Ganze Wolkenfelder sah ich entstehen, sah sie weiß vor blauem Grund

ineinanderfließen und zusammenwachsen. Ich sah Wolkenfetzen, die sich wieder lösten, sah sie zusammenwachsen und immer neue Formationen bilden. Ich erkannte Gesichter, die, kaum daß sie deutlich geworden waren, auch schon wieder verschwammen. Ich erkannte Gestalten, Tierkörper, Tiergesichter, Riesen, Engel ... Ich schaute in den Himmel wie in ein großes Wolkentheater. Da oben blies ein mächtiger Wind!
»DA!« rief der Walder und fuchtelte mit seinem freien Arm durch die Lüfte. Ließ das Fernglas los, das nun am Riemen um seinen Hals baumelte, und dirigierte mit weit ausgreifenden Bewegungen die vielen Wolken über uns. Zum erstenmal in meinem Leben hab ich bedauert, daß ich keinen Fotoapparat besaß. Wie gerne hätte ich dieses Bild festgehalten: der Walder, groß und mächtig auf seinem Schemel, inmitten seines Gartens. Die Mutter, die aus der Hütte winkte. Und immer wieder der Walder, der wie Herbert von Karajan auf seinem Schemel stand und die Wolken in immer wilderen Bewegungen über den weiten blauen Himmel jagte.
»Da-da-da-daaaa!« sang der Walder, und zum erstenmal mußte ich nichts sagen und nichts fragen. Ich schaute nur immer den Walder an. Mußte gar nicht mehr nach oben sehn, wußte doch ganz genau, was er meinte ...

Nach der Schule fuhr ich auf dem direktesten Weg zur Schrebergartensiedlung. Trat wer weiß wie in die Pedale. Ich hatte es eilig. Wußte zwar selbst nicht so genau, warum, ich wußte nur eines: Ich MUSS da noch mal hin, und zwar so schnell wie möglich!

Sonst war ich immer gleich zu Walder und seiner Mutter gefahren, diesmal schloß ich mein Rad am Haupttor fest, lief kreuz und quer durch die Siedlung, vermied es aber, in die Nähe von Walders Garten zu geraten. Ich glaube, den Anblick dieses Trümmerhaufens hätt ich kein zweitesmal ertragen.

Jedesmal, wenn ich auch nur ungefähr in die Nähe kam, schlug ich eine andere Richtung ein und lief noch ein paar Schritte schneller. Ich hatte die Fäuste in die Anoraktaschen gestemmt und machte ein Gesicht wie der Rächer der Enterbten. Ich rannte immer schneller die Wege entlang und biß die Zähne aufeinander. Am liebsten hätt ich wieder laut losgeheult, aber ich heulte nicht. DEN Gefallen wollt ich ihnen nicht tun …

Als ich schließlich zwischen Hecken und Sträuchern ein Kordhütchen entdeckte – so ein kleines, abgegriffenes Ding, das mir irgendwie bekannt vorkam –, als ich dieses Kordhütchen auf seinem Rotnasenkopf zwischen den Hecken wandern sah, da wußte ich plötzlich, was ich die ganze Zeit über gesucht hatte. Mein Magen krampfte sich zusammen, ich schnellte Richtung Kordhut, der Augenblick der Abrechnung war gekommen.

Er erkannte mich sofort, als ich wutschnaubend vor ihm stand.

»Na, mein Jung!« sagte er, aber ich, ich sagte nicht mal guten Tag.

So standen wir voreinander. Ich nach wie vor zu allem bereit, während er mich nachdenklich und aufmerksam anschaute.
»Das ist eine traurige Geschichte«, sagte er, und ich dachte: Red dich bloß nicht raus!
»Eine sehr traurige Geschichte sogar.«
Du kannst hier viel erzählen, hab ich gedacht und mir Walders zertrümmerten Garten vorgestellt. Die Zickzack-Schlangen, die hilflos dreinblickenden Fratzenschneider, die Geisterköpfe ...
»Ich heiße Erich«, sagte der Mann und nahm das Hütchen vom Kopf, »vorne ER und hinten ICH!« Er lächelte verlegen und drehte den Kordhut in den Händen.
Komisch, bei unserer ersten Begegnung war er mir nur irgendwie schüchtern vorgekommen. Schüchtern und verklemmt. Jetzt, wo sein Tod nur noch eine Frage von Sekunden war, fand ich ihn plötzlich ... nett!
»Darf ich dich zu einem heißen Orangensaft einladen?« fragte er.
Ich schaute ihn bloß grimmig an. Sagte kein Wort.
Heißer Orangensaft, dachte ich, kenn ich nicht! Klingt gar nicht schlecht.
Ich dachte, gut, trinkst du den Orangensaft. Töten kannst du ihn auch später.

Friede auf Erden

Erichs Hütte war kleiner als die vom Walder und wie eine Kneipe eingerichtet. Der lange Tisch und die beiden Bänke füllten fast den ganzen Raum. Von der Decke baumelten Petroleumlaternen und ein Trockenblumenstrauß. An den Wänden hingen mit Reißzwecken befestigte Kalenderblätter einer Klosterbrauerei und Fotos, die in eben jener Hütte entstanden waren. Man sah Männer und Frauen singend und lachend am langen Tisch sitzen, man sah sie schunkeln und einander zuprosten.

Erich holte ein Bier und eine Flasche Florida Boy Orange aus dem Kühlschrank, nahm einen Topf vom Wandregal darüber, kippte den Saft in den Topf. Ich beobachtete jede seiner Bewegungen. Beobachtete voller Ungeduld, wie er die große Propangasflasche entriegelte, einen Knopf des zweiflammigen Kochers nach rechts drehte und ein brennendes Streichholz über den Gashahn hielt. Eine größere Flamme sprang aus dem Herd, Erich zog seine Hand schnell zurück.

»Wie oft ich mich an DEM DRECKDING schon verbrannt habe«, lachte er. »Eines Tages fliegt noch mal die ganze Hütte in die Luft!«

»Der Walder hat auch so einen Kocher«, sagte ich und mußte schlucken. »Hatte!«

Erich zog den Topf vom Herd, kippte den heißen Saft in

einen Becher, drehte den Gashahn wieder zu, stellte den Becher vor mich. Dann setzte er sich zu mir an den Tisch. »Weißt du eigentlich, wie sich das zugetragen hat?«

Ich schüttelte den Kopf. »Bloß, daß sie ihn am zweiten Weihnachtsfeiertag ...« Mir blieben schon wieder die Worte im Hals stecken.

»Dann will ich dir das mal erzählen!« Erich nimmt einen Schluck Bier. »So gut ich kann. Dabeigewesen bin ich nämlich nicht ...

Also, angefangen hat das schon an Heiligabend. Da war ich morgens noch mal hier. Und später, wie ich dann nach Hause wollte, seh ich ihn am Haupttor stehen.

Sag ich: ›Grüß Gott, Herr Nachbar, was machen Sie denn da?‹ Er war nämlich gerade dabei, so eine große Figur aus alten Stecken und Bettüchern am Haupttor zu befestigen. Am Zaun hing schon ein Pappdeckel-Schild: FRIEDE AUF ERDEN! In großen roten Druckbuchstaben.

Sagt er, das wär sein Friedensengel! Für den Frieden auf der Welt, weil doch heute Weihnachten wär.

›Na ja‹, hab ich gesagt, ›MIR gefällt das ja, aber ich weiß nicht, ob die von der Vereinsleitung das auch so gerne sehen ... zumal hier vorne Besucher ein- und ausgehen ...‹

Die von der Vereinsleitung könnten ihn am Arsch lekken, hat er gesagt, aber die Besucher, die könnten das ruhig sehn. Das sollten sie sogar, weil überall Krieg und

Streit und Verdruß wär. Und daß das sich mal ändern müßt!

›Na ja‹, hab ich gesagt, ›ich wollte bloß nicht, daß es Ärger gibt!‹ Ich hab ihm noch ein frohes Fest gewünscht und bin gegangen. Für MICH war der Fall damit erledigt.«

Erich nimmt einen Schluck aus der Bierflasche, fragt: »Schmeckt's?« und erzählt, weil ich bloß nicke, gleich weiter. »Kurz darauf ist dann der Kurt gekommen. Der sieht das und legt sofort los: ›ENTFERNEN SIE DAS BITTE, UND ZWAR EIN BISSCHEN PLÖTZLICH!‹ So hat der Kurt mir das wenigstens erzählt.

Der Walder muß sich taub gestellt haben. Befestigte seinen Friedensengel mit Draht am Tor und klemmte ihm, da wo der Kopf ist, eine runde Käseschachtel ein. So eine große Holzschachtel, wie sie sie in der Käseabteilung vom Schade für den Tortenbrie verwenden. Da hatte er ein Gesicht draufgemalt. Punkt, Punkt, Komma, Strich, fertig ist das Mondgesicht!«

Erich nimmt wieder einen Schluck. »Der Kurt war wohl schon ziemlich geladen. Der ist nämlich im Vereinsvorstand und regelt die Finanzen. Und was die im Vorstand schon alles zu hören gekriegt haben wegen dem Garten von dem Walder, mein lieber Mann! Ob das rechtlich überhaupt ZULÄSSIG wäre, daß er mit seiner Mutter das ganze Jahr über da wohnt. Ohne sanitäre Einrichtungen. Ob das nicht gegen die HYGIENE-BESTIMMUNGEN verstieße. Wo die denn zum Beispiel hinkackten. Wie die sich waschen würden. Ob die Vereinsleitung nicht langsam mal was UNTERNEHMEN wolle, mal ganz zu schweigen davon, wie der Garten sonst so aussähe …

Also, es gab da EINIGE in der Siedlung, die waren auf den Walder überhaupt nicht gut zu sprechen. Und als der Kurt vor Weihnachten durch die Siedlung ist, um die Beiträge fürs neue Jahr zu kassieren, da haben ein paar gesagt, sie überlegten sich, ob sie überhaupt noch was zahlen. Bei den Zuständen, die neuerdings in der Siedlung herrschten …

›SIE SOLLEN DAS ENTFERNEN!‹ hat der Kurt schließlich gebrüllt, worauf der Walder zurückbrüllte: ›ICH DENKE JA NICHT DRAN!‹

Es hat wohl nicht allzuviel gefehlt, und die zwei wären aufeinander losgegangen. Hat mir der Theo erzählt. Der ist nämlich zufällig dazugekommen und konnte das grad noch verhindern.

›Seid ihr denn bekloppt?‹ hat er gefragt. ›Die ganze Welt bereitet sich auf Weihnachten vor, und ihr wollt euch prügeln?‹ Er hat das Schild gelesen und gefragt: ›Was soll denn das bedeuten?‹

Darauf hat der Walder gesagt, das wär doch wohl klar und eindeutig: daß Frieden sein soll auf der Welt, und zwar nicht nur an Weihnachten, sondern täglich. Jeden Tag und überall.

›Das klingt doch vernünftig‹, hat der Theo gesagt, aber der Kurt wollte davon nichts wissen.

›Das klingt überhaupt nicht vernünftig‹, hat er geschrien. ›Der Kram kommt weg, und damit BASTA!‹

›Kurt‹, hat darauf der Theo gesagt, ›ich weiß nicht, ob du da deine Befugnisse nicht eindeutig überschreitest.‹ Worauf der Kurt wiederum geschrien hat, ER überschreite überhaupt keine Befugnisse. Es gäbe einen GLASKLAREN PASSUS in der Vereinssatzung, der besage, daß im ÖFFENTLICHEN SIEDLUNGSBEREICH nur NACH ABSPRACHE mit der Vereinsleitung etwas am ÄUSSEREN ERSCHEINUNGSBILD der Gartenanlagen verändert werden dürfe.
Da war der Theo baff, weil er diesen Passus der Vereinssatzung überhaupt nicht kannte.
›Der Klügere gibt nach‹, hat er zum Walder gesagt. ›Stellen Sie halt Ihren Friedensengel in Ihrem Garten auf, da kann keiner was sagen!‹
›Ich geb aber nicht nach‹, hat der Walder geantwortet. Zu diesem Zeitpunkt war er wohl schon stocksauer. Der Theo konnte ihn aber trotzdem überreden, den Friedensengel zur Hütte zurückzutragen. Er hat ihm dann dabei geholfen.
Der Walder hat wohl den ganzen Weg über nix mehr geredet. Hat nur immer so motzig vor sich hin gebrummelt und geflucht. In der Hütte hat dann die Mutter im offenen Fenster gestanden und gerufen: ›Ei, Walder, was ist denn passiert?‹
Der Walder hat darauf gesagt, NOCH wäre gar nichts passiert. Aber das könne schon noch kommen, daß etwas passiert. ER bräuchte jedenfalls keinen Friedensengel mehr, denn JETZT wär KRIEG!«

Hinterher ist man immer klüger

Ich könnte wieder nicht genau sagen, wie lange ich in Erichs Hütte gesessen, wie lange ich ihm zugehört habe. Ich weiß bloß, daß ich insgesamt drei heiße Florida getrunken und mindestens zwei Pfund Käsegebäck gegessen habe. Irgendwann stellte er die erste Schachtel auf den Tisch und fragte: »Magst du so was?«

»Und wie!«

Erich stopfte sich eine Pfeife mit Tabak aus einer schönen alten Blechdose, zündete ein Streichholz an und setzte sie unter Ausstoß dicker grauer Qualmwolken in Brand.

Ich saß da, trank meinen heißen O-Saft, mampfte Käsegebäck und hörte ihm zu. Und je länger das ging, desto mehr verschwammen mir die Bilder und Gefühle. Meine Wut verflüchtigte sich. An ihre Stelle trat ein wohliges Nichts, das ich mit Saft und Käsegebäck füllte.

Der Erich, der Theo und der Kurt. Keiner hatte was Böses gewollt. Im nachhinein soll sogar der Kurt gesagt haben, daß es ihm leid tut. Wenn er gewußt hätte, daß so ETWAS daraus wird, dann hätte er nicht stur darauf bestanden, daß der Walder seinen Engel wieder abmontiert. Aber so ist das Leben: Hinterher ist man immer klüger.

Der Theo war sogar richtiggehend beunruhigt. Hat sich

Gedanken gemacht und ist immer mal wieder an Walders Garten vorbei. Hat geguckt, gehorcht, aber es rührte sich nichts. Als es am Nachmittag dunkel wurde, brannte nicht einmal Licht.

»Das war die Ruhe vor dem Sturm«, hat der Theo hinterher gesagt. »Die müssen da im Dunkeln gehockt haben, am Heiligabend, wohlgemerkt …«

Der Theo und der Kurt, die sind dann schließlich beide heim.

Später muß der Walder durch die Schrebergartensiedlung geschlichen sein. Er ist über Zäune und Tore gestiegen, ist mit seinen schweren Stiefeln durch die aufgeweichte Erde gestapft und hat überall seine Spuren hinterlassen.

Ich kann mir das vorstellen, wie er mit einem Eimer roter Farbe durch die Dunkelheit gewandert ist. Wahrscheinlich hatte er wieder die Unterlippe trotzig nach vorn geschoben. Wahrscheinlich schwenkte er den farbgetränkten Pinsel durch die Lüfte, bevor er ihn gegen Gartenzäune und Hüttenwände klatschen ließ. Wie ein Brandstifter wird er umhergegangen sein. »Ich brenn euch alles nieder!« wird er gerufen haben, aber es war ja keiner da. Außer dem Walder und seiner Mutter war kein Mensch mehr in der Schrebergartensiedlung. Die Schrebergärtner der Miquel-Adickes-Allee saßen mit ihren Familien unterm Weihnachtsbaum, und selbst wenn's nur halb so idyllisch zuging, wie man sich das immer vorstellt, von dem, was da zur selben Zeit in ihren

Gärten vor sich ging, hatten sie nicht den geringsten Schimmer.

»Hattest du denn schöne Weihnachten?« fragt mich der Erich.

»Och, na ja, es ging. Meine Eltern lassen sich scheiden!«

Erich bläst wieder eine Qualmwolke aus. Er schaut mich einen Moment länger an als sonst und sagt: »An Weihnachten passieren die verrücktesten Dinge. DER WALDER muß ganz schreckliche Weihnachten verlebt haben. Ich hab mir das später oft vorgestellt. Wie die da in ihrer Hütte hockten …

Na ja! Am Nachmittag des zweiten Weihnachtsfeiertages sind dann ein paar vorne im Vereinshaus zusammengekommen. Das hat schon Tradition. Wer will, bringt ein paar Plätzchen mit, und dann wird Glühwein gekocht, Karten gespielt …

Ein paar saßen also vorne beisammen, erzählten sich Geschichten, als er draußen mit seinem Farbeimer auftauchte. Er tät die ganze Siedlung niederbrennen, hat er gerufen.

Der Kurt war gleich wieder auf neunzig! ›Was macht der denn da mit dem Farbeimer?‹ hat er gefragt, und der Theo ist zum Fenster gelaufen.

›Alles ganz harmlos‹, hat er gesagt, ›der steht bloß da rum und ist noch sauer wegen Heiligabend!‹

›Ich bin auch sauer‹, hat der Kurt da gesagt, ›das glaubst du gar nicht, wie sauer ich bin! Wenn das so weitergeht, leg ich mein Amt als Kassenwart nieder. Das hat man doch nicht nötig, den Dreck für andere zu erledigen und sich dann auch noch anmeckern zu lassen.‹

›Ach, Kurti, reg dich doch nicht auf!‹ hat die Frau vom Kurt darauf gesagt. ›Der steht wirklich nur da und kaspert rum!‹

Zu diesem Zeitpunkt war's längst wieder dunkel. Es konnte also niemand ahnen, wie das hier in der Siedlung aussah. Daß der Walder bereits alles vollgeschmiert hatte. Erst am nächsten Tag haben wir dann nach und nach seine Schmierereien entdeckt. An Gartenzäunen und Toren, an den Hütten ... Das Vereinshaus und den Bekanntmachungskasten der Vereinsleitung, alles hatte er mit roter Farbe beschmiert ... Über beide Flügel vom Haupttor hat er ein großes X gezogen.

Ist dir das noch gar nicht aufgefallen?«

Ich schüttle den Kopf.

Erich schaut mich wieder durch die Tabakswolken an. »Das ist schon komisch. Von uns hat es ja erst mal auch keiner bemerkt. Zum Beispiel am Vereinshaus. Da hat er an die Rückseite mit riesengroßen Buchstaben ›TOOOOD‹ geschrieben. Mit vier O.

Ja, und dann hat sogar das Rad von Kurts Frau dran glauben müssen. Die stand nämlich immer noch am Fenster. Und der Walder stand draußen und drohte, er tät uns die ganze Siedlung niederbrennen. Hat immer seinen Pinsel in die Farbe getunkt und so drohend in der Luft rumgeschwenkt. Woraufhin sie ihm einen Vogel zeigte.

›Du spinnst doch‹, hat sie durchs geschlossene Fenster gerufen und sich an die Stirn getippt. ›Hier oben nicht ganz dicht!‹

Daraufhin hat er ›Feuer, Feuer‹ geschrien, ist zu ihrem Fahrrad gerannt und hat's von oben bis unten mit roter Farbe beschmiert. Worauf sie sagte: ›Eben reicht's! Kurt, bitte ruf die Polizei!‹

Na ja, die kamen dann, vier Mann hoch, ein paar Minuten später. Erst mal sind sie nur vors Vereinslokal gefahren. Haben sich erzählen lassen, was vorgefallen war. Dann sind sie plötzlich mit Blaulicht und tatü-tata bis vor Walders Garten gerast.

Der Walder muß so was geahnt haben. Er hatte sich regelrecht in seiner Hütte verbarrikadiert. Die Mutter riß das Fenster auf und rief: ›Verschwinden Sie um Gottes willen! Ich komm mit meinem Bub allein zurecht ...‹

Aber da ist der Walder lachend hinter seine Mutter getreten. Hat seinen Pinsel wie eine Pistole Richtung Polizei gestreckt und geschrien: ›Keinen Schritt weiter, sonst knallt's!‹

In der Zeitung steht, die Polizisten hätten ›um das Wohl der Mutter gebangt‹! Sie sind aus dem Wagen gestiegen, haben das Gartentor geöffnet, haben sich um die Hütte verteilt und sind dann ganz langsam auf die Hütte zugegangen.

Da muß er's wohl mit der Angst gekriegt haben.

Bis sie ihn da rausgeholt hatten, muß er gewütet haben wie ein Wilder. Alles hat er kurz und klein geschlagen ...

In der Zeitung stand dann, ein Beamter wär mit einem Hechtsprung durchs geöffnete Fenster … Hier, Moment, ich hab sie noch!«

Erich holt die Zeitung und ein Brillenetui. Schlägt die Zeitung auf und liest, nachdem er seine Lesebrille aufgesetzt hat: »Mit einem Hechtsprung durchs geöffnete Fenster befreite der junge Beamte Oliver K. die gehbehinderte Frau aus der Gewalt ihres verrückten Sohnes. Oliver K. am Morgen danach: ›Ich hab nur kurz an meine Oma gedacht. Da wußte ich, daß ich springen muß, und bin gesprungen.‹

Erich blickt grinsend über seine Lesebrille hinweg zu mir. »Was DIE so schreiben!« Er hält die Zeitung ein bißchen schräg. »Die muß man nur mal anheben, da fließt schon das Blut.«

Während er mir nun erzählt, wie die Mutter und der Walder mit einem Notarztwagen vom Roten Kreuz nach Niederrad gebracht wurden, wo sie wahrscheinlich immer noch wären; während ich sage: »Nein, nein, die sind inzwischen nach Süddeutschland«; während er fragt: »Nach Süddeutschland? Ja, kamen die denn aus Süddeutschland?« und ich antworte: »Weiß ich selber nicht genau, aber vermutlich schon« – während all dem verliere ich allmählich die Lust am Zuhören, weil ich merke, mehr kannst du hier nicht erfahren.

Plötzlich dämmert's mir, und ich springe auf.

»PRINZING!« rufe ich. »Daß ich da nicht früher drauf gekommen bin!«

»Prinzing?« fragt Erich verständnislos und blickt mich fragend an. Aber ich bin längst auf dem Weg nach draußen. Renne zu meinem Rad, rase wieder mal mit hundert Sachen durch die Schrebergartensiedlung, rase die Miquel-Adickes-Allee entlang, achte auf keine Ampel und auch auf sonst nichts.

»Prinzing!« schrei ich meine Mutter an. »Die beiden sind in Prinzing!«

Woran erkennt man einen Menschen?

Der Walder hatte mal wieder im Garten gestanden, als ich kam. Werkelte mit dem Rücken zu mir an etwas, was ich nicht erkennen konnte. Aber das tat er ja fast immer. Bloß diesmal drehte er sich, nachdem er bemerkt hatte, daß ich es war, gleich wieder weg. Begrüßte mich nicht und gab auch sonst kein Zeichen von sich.

»Ei, Walder«, rief ich verwundert, »was ist denn?«

Er drehte sich im Zeitlupentempo wieder zu mir. Schaute mich von oben bis unten an wie einen Fremden, kaute nachdenklich auf seiner Unterlippe und fragte schließlich: »Woran hast du mich erkannt?«

Wie, woran hatte ich ihn erkannt? Was fragte er da wieder für ein Zeug?

Ich überging seine Frage und gab mich besonders locker. »Na, wie geht's?«

»Du sollst meine Frage beantworten!« raunzte er mich an. »Ich will wissen, woran du mich erkannt hast!«

Woran ich ihn erkannt hatte? Er meinte es mal wieder überaus ernst. Ich geriet ins Grübeln. Woran erkennt man einen Menschen? Gar nicht leicht zu beantworten.

»Na?« mahnte der Walder.

»Also weißt du«, fing ich an, »ich kenn dich halt, und wenn man einen kennt, erkennt man ihn auch wieder. So einfach ist das!«

Er musterte mich abschätzig. »Wo-RAN will ich wissen! Daß du mich erkennst, das seh ich … Aber woran?«
Junge, Junge, das waren Fragen! Ich ahnte, daß er auf irgendwas Bestimmtes hinauswollte, überlegte also fieberhaft. Los, Hirn, dachte ich, streng dich mal ein bißchen an. Woran erkenne ich den Walder?
»An deiner Glatze?«
Voll daneben! Walders Blicke kühlten zunehmend ab.
»An deiner Größe?«
Wieder nichts.
»Ich hab's: an deinem Gesicht! Ich kenne keinen, der so ein Gesicht hat wie du.«
»Was hab ich denn für ein Gesicht?«
»Na ja …« Ich überlegte. »Manchmal, so wie jetzt, siehst du grimmig aus und böse. So richtig zum Fürchten …«
Walder sagte nichts.
»Und manchmal siehst du aus, da könnt man denken, daß du mein kleiner Bruder wärst. Bloß halt viel größer und mit einer Glatze …«
»Das ist alles?« fragte der Walder verächtlich. Es war überdeutlich, wie unzufrieden er mit meiner Antwort war.
»Was denn noch?« fragte ich, bekam aber keine Antwort mehr. Der Walder nahm ein altes Blech, schnitt es und knickte es dann in der Mitte. Das geknickte Blech hielt er wie Flügel an den Rücken einer schmalen Holzfigur, die er aus einer alten Bohle geschnitzt und mit weißer Wandfarbe bemalt hatte.

»Wird das ein Engel?«
»Ein FRIEDENS-Engel«, sagte er.
An diese Geschichte dachte ich, als ich mit dem Rad nach Hause raste. Als ich in unsere Wohnung stürmte, meinen Ranzen in die Ecke pfefferte, rief ich: »Prinzing! Die beiden sind in Prinzing!«
Mama kam, als hätte ich sie bei irgendwas gestört, aus ihrem Zimmer, richtete sich die Haare und strich über ihren Rock.
»Die beiden sind in Prinzing!« schrie ich noch mal. »Wir müssen sofort dahin!«
Sie schaute mich bloß an. »Prinzing?«
»Erst mal die Auskunft anrufen«, sagte ich, nun schon eine Spur gefaßter. »Was glaubst du, wie froh ich bin, daß mir das noch eingefallen ist!«
Ich erzählte ihr die Prinzing-Geschichte, wie der Walder einen Arbeitsanzug geklaut und sich auf die Hauptverkehrskreuzung gestellt hatte. Wie er den ganzen Autoverkehr in die Irrenanstalt umgeleitet hatte.
»Überleg doch mal«, sagte ich, »da kennt er dieses Psychologen-Fräulein. Die war schon mal ganz freundlich zu ihm.«
Mama hörte gar nicht zu. »Psychologen-Fräulein?« wiederholte sie, schaute aber unentwegt auf ihre Zimmertür. Also schaute ich ebenfalls hin.
Kein Zweifel ... Die Klinke von Mamas Zimmertür bewegte sich.
»Ja, sag mal ...«

Wie in einem englischen Fernsehkrimi bewegte sich die Klinke langsam nach unten. Die Tür öffnete sich einen Spaltbreit, dann immer mehr ... Und wer stand verschämt grinsend in der vollständig geöffneten Tür? Auch er mit leicht zerwühltem Haar, das er, im Gegensatz zu Mama, vergeblich zu bändigen versuchte ...
Der Mischa, Mamas Neuer.
Fast ein bißchen hilflos stand er da.
Gestern beim Italiener hatte er ausgesprochen weltmännisch gewirkt. Hatte von diesem tollen Haus mit den tollen Leuten erzählt, in das die Mama und ich JEDERZEIT einziehen könnten.
Ich hatte immer nur voll Bewunderung auf seine Lederjacke gestarrt, und er hatte's grinsend bemerkt.
»Gefällt dir wohl, die Jacke?«
»Und wie!«
»Die kriegst du, sobald sie dir paßt!«
»Ehrlich?«
»Na, wenn ich's dir doch sage!« Er hatte mir kumpelhaft an die Brust getippt. »Großes männliches Ehrenwort!«
Jetzt stand er wie ein ertappter Sünder da.
Also lief ich zu ihm, tippte ihm an den Bauch, weil ich höher nicht kam, und grinste. »Grüß dich, ich habe dich sofort erkannt!«
Mischa glotzte wie einer, der sich fragt, ob er bereits in jenem Alter ist, in dem man zehn-, elfjährige Buben nicht mehr so ohne weiteres versteht.
»Du kannst mir helfen«, sagte ich, um keine unnötige

Pause entstehen zu lassen. »Die haben meinen besten Freund verschleppt! Jetzt halten sie ihn in einer Irrenanstalt gefangen! Und zwar in Süddeutschland. Prinzing heißt der Ort.«

Mischa schaute verdutzt.

Ich glaube nicht, daß er die Zusammenhänge auch nur annähernd begriff. Aber als ich sagte: »Es ist dringend, wir müssen die Auskunft anrufen«, nickte er. »Okay!« Klemmte sich hinters Telefon, wählte die Nummer der Auskunft, die er auswendig wußte, und äffte, was ich schon wieder klasse fand, die Computerstimme der Auskunft nach: »Auskunft Frankfurt, bitte gedulden Sie sich einen Augenblick, zur Zeit sind alle Plätze besetzt. Auskunft Frankfurt, bitte gedulden Sie sich einen Augenblick, zur Zeit sind alle Plätze besetzt. Aus... Ja, äh, guten Tag! Ich hätte gern eine Auskunft. Und zwar die Nummer eines Krankenhauses in ...«

Er wandte sich an mich. »Wie heißt das noch mal genau?«

»Prinzing!«

»Prinzing«, wiederholte der Mischa, »Paula, Richard, Ida, Nordpol, Zebra, Ida, Nordpol und, Moment, Gustav ... Richtig: PRIN-ZING! Ja, mit N wie Nord-pol!«

Ich war so aufgeregt, als wenn Lottozahlen gezogen würden. Ich hätt mein gesamtes Taschengeld in Lottoscheine investiert, und davon hinge jetzt mein Überleben ab.

Mischa hatte die Sache wieder völlig im Griff. Zwinkerte

mir zu und hob den Daumen, als wenn er sagen wollte: »Sechs Richtige, drunter machen wir's nicht!«
Endlich war die Sache in den richtigen Händen. Erleichtert lehnte ich mich zurück.
»Nein«, sagte der Mischa sehr bestimmt, »nicht Prinz-ECK, Prin-ZING! ... Wie, das gibt es nicht? Das MUSS es geben! Mein bester Freund liegt da im Krankenhaus!«
Er zwinkerte mir erneut zu und grinste ein echtes Verschwörer-Grinsen.
»Das gibt es nicht«, sagte er, »schaun Sie noch mal GANZ GENAU! ... Sind Sie sicher?«
Er schaute mich noch einmal zuversichtlich grinsend an, hängte aber kurze Zeit später den Hörer in die Gabel. »Die sagt, es gibt in ganz Deutschland keinen Ort, der Prinzing heißt. Es gibt nur ein Prinz-eck, aber die haben kein Krankenhaus!«
Er schaute mich an wie einer, der weitere Instruktionen erwartet. »Was machen wir jetzt?«
»Der Walder hat immer gesagt«, begann ich laut nachzudenken, »von Zuhause aus hätt er mit dem Fernglas bis nach Italien runterblicken können. Vielleicht hat er ja gar nicht in Deutschland gewohnt, sondern in ...«
»... Österreich oder der Schweiz«, vervollständigte Mischa meinen Satz. »Das ist natürlich etwas anderes!« Er hatte den Hörer schon wieder zur Hand. »Da brauchen wir die Auslands-Auskunft.«
Er wählte laut. »Zweimal die Null, zweimal die Eins und einmal die Acht!«

Donnerwetter, er hatte sogar die Auslands-Auskunft im Kopf! Ich schaute meine Mutter an. Siehst du, so muß man's machen. Von wegen, da kann man nichts tun.
Mama lächelte. Ihr schien es ganz recht zu sein, daß mir ihr Mischa gefiel. Der wiederum erklärte in den Hörer hinein, die Sache sei ein »bißchen mysteriös …
Mein Freund ist auf der Rückreise von seinem Italien-Urlaub in einem Krankenhaus der Ortschaft PRINZING gelandet. Wo sich dieses Prinzing befindet, ob in Österreich, in der Schweiz, keine Ahnung. Am Ende gar in Südtirol? Ich suche die Nummer des Krankenhauses. Meinen Sie, Sie können mir helfen?«
Hundert Punkte, dachte ich. Der Kandidat erhält hundert Punkte.
»Vielleicht geben Sie nur mal PRINZ ein«, sagte Mischa, »kann sein, es heißt gar nicht Prin-ZING, sondern Prin-ZIG oder was weiß ich …«
Er schaute mich fragend an, ich zuckte mit den Achseln. Glaubte zwar nicht im geringsten, mich verhört zu haben, aber na ja, versuchen sollte man auf jeden Fall alles!
Es verging nun mehr Zeit.
Bei der Auskunft tippte jemand PRINZ in den Computer. Der Computer fuhr durch die Namenslisten aller Ortschaften Österreichs, der Schweiz …
Wieso fanden die kein Prinzing? Der Walder hatte doch klar und deutlich von Prinzing gesprochen. Auch die Mutter hatte Prinzing gesagt!
Mischa hängte den Hörer in die Gabel. »Tut mir leid, die

können nichts finden. Es gibt in ganz Europa keinen Ort, der so heißt. Oder so ähnlich … Prinzing«, sagte er schließlich, »ehrlich gesagt, davon hab ich auch noch nie gehört!«

»Aber wieso hat die Mutter vom Walder gesagt: ›Jaja, in Prinzing, das hat er wirklich getan‹?«

»Was denn?« fragte Mischa zurück, und ich erzählte noch einmal die ganze Geschichte.

»Stell dir mal vor«, rief ich am Ende meiner Erzählung, »der ganze Hof steht voll mit Autos. Und die Leute hocken mit zornroten Köpfen da und hupen wie die Bekloppten. Der Walder hat gesagt, um ein Haar wär es zu einer regelrechten Massenschlägerei gekommen. Dann hätt man deutlich sehn können, wo eigentlich die richtig Bekloppten sind.«

»Mal langsam«, unterbrach mich der Mischa, »und schön der Reihe nach!« Er schien von meiner Geschichte nur wenig beeindruckt zu sein. »Wer ist eigentlich dieser Walder?«

O Gott! Sollte ich denn noch mal bei Adam und Eva anfangen? Bei meiner ersten Begegnung damals im Herbst? Es blieb mir wohl nichts anderes übrig, wenn ich wollte, daß Mischa mir weiter half.

Ich erzählte also von den Zeichen in Walders Garten. Von den Abschreckungs- und Verjagungszeichen gegen die Damen und Herren. Von den Zeichen für den Vater in Nordwestafrika. Vom Münzfernsprecher, der in der Hütte hing.

»Stell dir mal vor«, sagte ich, »der Walder hat fast täglich mit seinem Vater gesprochen, und zwar stundenlang!«

Mischa schaute Mama an, die zuckte bloß die Achseln.

»Und jetzt ist er verschwunden«, sagte ich, »und seinen Garten haben sie zu Kleinholz gemacht. ALLES zusammengeschlagen und auf einen Haufen geschmissen …«

»Wer?« fragte der Mischa.

»Weiß ich doch nicht! Ich war doch mit der Mama bei Tante Gerdi und Onkel Heinz. Der Erich sagt, die haben das überhaupt erst durch die Zeitung spitzgekriegt. Von dem Tag an, als das in der Zeitung stand, wären immer mal Leute in die Schrebergartensiedlung gekommen. ›Wo ist denn der Garten von dem Verrückten?‹ hätten die gefragt. Dann hätten sie kopfschüttelnd vor Walders Garten gestanden. Manche hätten sich sogar gegenseitig fotografiert. Hätten sich unter den Baum oder vor den Trümmerhaufen gestellt und in die Kamera gelacht. Der Erich sagt, man wär sich vorgekommen wie im Zoo.«

»Wer ist Erich?« fragte der Mischa.

»Einer vom Gartenverein. Der hat seinen Garten direkt neben dem Walder … Er sagt, die wären in der Nacht übern Zaun gestiegen. Er hätte so krachende Geräusche gehört, dann wär's aber wieder still gewesen.«

»Puh«, machte der Mischa, »das ist ja eine verwirrende Geschichte!«

Dann fragte er mich plötzlich: »Du hast dir das nicht zufälligerweise bloß ausgedacht?«

»Spinnst du?« schrie ich empört. Ich hätte ihn in der Luft zerreißen mögen, aber dazu besaß ich nicht mehr die Kraft. Außerdem wurd's mir allmählich schwummrig im Hirn. Hätte nicht viel gefehlt, und ich hätte selber gezweifelt, ob's den Walder überhaupt jemals WIRKLICH gegeben hat.

Quatsch mit Soße, dachte ich, natürlich hat es den gegeben. Aber was ist das für eine Geschichte? Prinzing! Warum hat er mir, seinem besten Freund, nicht einfach gesagt, daß Prinzing nur ein Blödsinn ist?

Und die Mutter? Dieses alte, verhutzelte Frauchen, das immer nur im Drehsessel am Fenster hockte und vor sich hin lächelte ... Hatten die zwei sich abgesprochen? Wollten sie mich nur ein bißchen vergackeiern?

»Blööööd-Sinn!« rief ich plötzlich laut. »Das ist doch Quatsch mit Soße! Wenn ihr mir nicht glaubt, kann ich euch ja den Garten zeigen. Dann könnt ihr's selber sehen ... Von wegen ausgedacht! Schön wär's. ALLES haben sie ihm kaputtgeschlagen, aber jetzt heißt es, das wär nicht passiert, wenn der Walder nicht überall mit der roten Farbe rumgeschmiert hätte. In Wirklichkeit ist es doch genau umgekehrt: Weil er den Friedensengel nicht am Haupttor festmachen durfte, war er sauer. Und das kann ICH gut verstehn. Sehr gut sogar! Wärt ihr doch auch sauer, wenn ihr eine Botschaft für den Frieden macht, und dann kommt einer und sagt: ›Entfernen Sie den Mist!‹«

»Tut mir leid, Uli«, sagte der Mischa und schaute mich

an, »ich kann dir nicht mehr folgen!« Und meine Mama kam und nahm mich in den Arm, drückte mich und sprach: »Junge, du bist ja völlig durcheinander!« Natürlich war ich durcheinander! Mama streichelte mir übern Kopf, als wär ich so ’n klitzekleines Kleinkind. Und das war ich auch. Ich lehnte mich an sie und heulte wild drauflos.

Ein Geheimnis braucht jeder

Der Schreck und die Enttäuschung über Walders Verschwinden steckten mir lange Zeit in den Knochen. Aber das Leben und die Schule gingen schon am nächsten Tag mit unverminderter Härte weiter.

Wir sollten einen Aufsatz schreiben, hatten unsere Aufsatzhefte aufgeschlagen vor uns liegen, unser Deutschlehrer Arabin lief mit auf dem Rücken verschränkten Armen durch die Klasse, hatte noch immer nicht das Thema verkündet.

»Wer eine Geschichte schreibt«, erklärte er statt dessen, »schreibt sie am besten so, daß der erste Satz neugierig macht auf den zweiten, der zweite auf den dritten, der dritte auf den vierten und immer so weiter! DAS ist das GANZE GEHEIMNIS!« Er blickte mit aufreizender Gelassenheit auf seine Armbanduhr, streifte die Uhr vom Handgelenk und legte sie aufs Pult.

»Theee-ma«, rief der Arabin. »Was ich in den Ferien erlebt habe. Ihr habt genau zweiundvierzig Minuten Zeit!«

Ein Stöhnen ging durch die Klasse. Aber dann wurden sechsunddreißig Füllfederhalter aufgeschraubt und in Gang gesetzt. Ich hockte inmitten einer Klasse eifrig schreibender Schüler.

Was ich in den Ferien erlebt habe. Ich knabberte an mei-

nem Füller und starrte auf die Überschrift. Sollte ich das wirklich schreiben? Und wenn ja, wo sollte ich beginnen?
Ich dachte an den Walder. Starrte auf mein Aufsatzheft und dachte nur immerzu an ihn. Sah ihn, wie er mich anlächelte. Sah ihn im Garten stehn und an einem Blech rumhämmern. Dann sah ich wieder den Trümmerhaufen, und mir kamen fast die Tränen.
Der Arabin mit seinem ersten Satz, auf den der zweite folgen sollte. Wollte ich überhaupt, daß der Arabin etwas über den Walder erfuhr? Über MEINEN Walder?
Die Zeit verging, und ich hatte noch nicht eine Zeile geschrieben. »Noch zwanzig Minuten!« hörte ich den Arabin rufen. Wieder stöhnten ein paar. Die Ferienerlebnisse schienen ihnen nur so aus der Feder zu sprudeln.
Ich öffnete meinen Füller zum soundsovielten Mal, dachte: IRGENDWAS MUSST du schreiben.
»Herrschaften«, rief der Arabin, »kommt allmählich zum Schluß!« Sechsunddreißig Füllfederhalter huschten noch hektischer übers Papier. Heftseiten wurden hastig umgeblättert. Der Arabin rief: »Die Zeit ist um!«, und ich hatte meinen ersten Satz noch immer nicht gefunden. Klappte aber mein Heft als einer der ersten zu. Die andern quengelten und stöhnten: »Bitte, bitte, Herr Arabin, nur noch eine Zeile. Nur noch diesen einen Satz!«
Als wir einige Tage später unsere Aufsatzhefte zurückbekamen, rechnete ich fest mit einer Sechs. Um so über-

raschter war ich, statt einer Benotung so eine Art Brief vorzufinden.

»Lieber Uli«, schrieb der Arabin, »ich glaube, ich habe Dein Zeichen verstanden!« Er glaube, schrieb er, wenn sich Eltern trennten, sei das immer ein Schock für die Kinder. Er akzeptiere, daß ich darüber nicht schreiben wolle. Manchmal sei es aussagekräftiger, gar nichts zu sagen oder zu schreiben. Er wünsche, daß ich meine Sprache bald wiederfände, und im übrigen, wenn ich mal mit ihm reden wolle …

Irgendwie hat mich dieser »Brief« meines Deutschlehrers gerührt. Aber mit ihm reden, über den Walder … so weit ging die Liebe dann doch wieder nicht.

Ich habe überhaupt aufgehört, über den Walder zu reden. Hab die Gedanken an ihn in ein Kästchen gelegt, hab das Kästchen verschlossen und an einem geheimen Ort versteckt. So wie man Briefe versteckt, die kein anderer lesen soll.

Und wie schon gesagt, das Leben ging weiter. Mama und ich sind wirklich kurze Zeit später in dies supertolle Haus mit den vielen Leuten gezogen. Ich bekam tatsächlich dieses schöne große Zimmer, in dem ich noch heute wohne. Der Mischa hat auch sonst Wort gehalten. An meinem fünfzehnten Geburtstag schlich er sich von hinten an mich ran, hängte mir seine Lederjacke über und lachte: »Glückwunsch, Alter, du füllst sie ganz und gar!«

Ich hatte plötzlich lauter neue Freunde, wohnte in die-

sem Wahnsinnshaus, in dem ständig was los war, um das mich viele in der Schule beneideten …
Wie sollte ich da an den Walder denken?
Ich hatte ihn natürlich auch nicht vollständig vergessen. Nur, wie gesagt, ein bißchen weggepackt, beiseite geschoben.
So vergingen die Jahre.
Was der Walder wohl in all den Jahren erlebt hat? Wie für ihn die Zeit vergangen ist? Ehrlich gesagt, ich habe mich das nie gefragt.
Aber jetzt lese ich oft in der Rundschau die Stelle, die der Mischa gelb angestrichen hatte: »In der Anstalt vergeht ein Tag wie der andere. Es ist egal, ob Montag ist oder Freitag. Es passiert keine Lebensgeschichte. Manchmal geht es sogar so weit, daß die Uhren in den Anstalten tatsächlich stillstehen, weil es auch egal ist, ob sie laufen oder nicht.«

Der Walder blieb verschwunden. Ich habe ihn nie wieder gesehen. Auch nie mehr was von ihm gehört. Die Schrebergartensiedlung an der Miquel-Adickes-Allee gibt es auch schon lange nicht mehr. Die ganze Gegend hat sich verändert. Da, wo früher die Gärten waren, verlaufen jetzt Zubringerstraßen zur Autobahn. Da kommt man zu Fuß oder mit dem Rad überhaupt nicht mehr hin.
Ich stehe oft am Fenster und schau in den Park, der allmählich wieder grün wird. Der Winter geht zu Ende. Tagsüber wird noch alles von den Autos überdröhnt,

aber mit Einbruch der Dunkelheit kann ich schon wieder die ersten Vögel zwitschern hören.
Ich steh sozusagen auf Augenhöhe mit den großen Bäumen und schau den Vögeln zu. Und manchmal, das ist nicht gelogen, kann ich sogar die Großen Geister sehen.
Tagsüber halten sie sich nach wie vor versteckt. Aber abends, wenn der Großstadtlärm allmählich verebbt, wenn sich der Straßenverkehr beruhigt und die Auspuffschwaden sich verzogen haben; abends, wenn das Frankfurter Nordend zur Ruhe kommt und es sogar ein bißchen grün vom Park herüberduftet, dann zeigen sich die Großen Geister. Erst stehn sie ein bißchen scheu und wie auf Absprung zwischen den Bäumen, aber nachts tollen sie immer ungenierter durchs Geäst. Spielen Nachlaufen und Verstecken oder lümmeln wie unheimlich liebe, aber stinkfaule Kerle in den Bäumen rum. Wie gutmütige Tolpatsche hängen sie in den Ästen, streichen sich die dicken Bäuche und winken neuerdings sogar manchmal zu mir rüber. Ich glaube, sie sind kein bißchen böse mehr auf mich. Im Gegenteil.
Der Walder hat ja behauptet, die Großen Geister würden die Welt am liebsten für immer verlassen, aber das glaub ich nicht. Der Walder hat auch behauptet, er werde eines nicht allzu fernen Tages die Welt ebenfalls für immer verlassen.
»Aber wieso denn?« hab ich ihn gefragt.
Er lag mal wieder bäuchlings auf dem Schäselong, ließ einen Arm und ein Bein zum Boden runterbaumeln und

grunzte wie eins von den kleinen Schweinchen, wenn der Große Böse Wolf auf Reisen ist. Man hätte meinen können, es gehe ihm ausgezeichnet.

Aber dann fing er wieder davon an. »Eines Tages verschwinde ich von hier. Und zwar für immer!«

»Aber warum denn?«

Ächzend erhob er sich vom Schäselong, zog seine schwere Jacke über und die dunkle Kappe auf den Kopf, schlüpfte in die Gummistiefel, nahm sein Fernglas vom Haken und sagte: »Komm halt mit!«

Damit war er auch schon draußen.

Es hatte seit Tagen fast ohne Unterbrechung geregnet, es regnete auch jetzt wieder. Der Garten war ein einziges großes Feld Matschpampe, durch das wir stiefelten wie zwei Störche im Salat. Der Walder immer vorneweg. Unterm Arm trug er den Wackelschemel, und wieder einmal war er auf der Suche nach »seinem Platz«. Das wußte ich schon.

Auch ich trug Gummistiefel. Die waren zwar mindestens zehn Nummern zu groß, aber mit Zeitungspapier in den Spitzen und zwei Paar dicken Socken ging's. Außerdem trug ich eine knallgelbe Öljacke, die für mich wie ein Mantel war. Das Wetter konnte mir also gar nichts anhaben. Im Gegenteil: Ich ließ mir die Regentropfen ins Gesicht klatschen und patschte stillver-gnügt hinter dem Walder her. Der hatte nun offensichtlich seine Stelle gefunden, rief: »Ganze Kompanie HALT!«

Ich zuckte ein bißchen zusammen.

Der Walder stellte den Schemel in die Matschpampe und stieg in aller Seelenruhe darauf. Er war inzwischen ein erfahrener Schemelbesteiger geworden. Setzte sein Fernglas vor die Augen, drehte am Scharfstellrad, schaute und deutete in den rabenschwarzen Regenhimmel hinauf. »Von daher wird das Raumschiff kommen«, schrie er gegen das Prasseln des Regens an.
Eine halbe Körperdrehung nach links, und der Walder deutete Richtung Haupttor der Schrebergartensiedlung. »Das wird dann vor dem Haupttor landen! … Die Luken werden von innen geöffnet, und DANN!« schrie der Walder, beugte sein tropfnasses Gesicht zu mir herunter. »DANN werde ich das Raumschiff besteigen!«
Der Regen prasselte immer heftiger auf uns.
»Und dann?« schrie ich fragend zum Walder hinauf. »Wie geht es dann weiter?«
»Das Raumschiff wird sich in die Lüfte er-he-ben«, brüllte der Walder, »und mit mir …«
»WAAAS?« schrie ich in das Donnern eines Flugzeugs hinein, das über den bleigrauen Wolken, für uns also unsichtbar, in bessere Wetterzonen entfloh. »Was hast du gesagt? Ich habe dich nicht verstanden!«
»In die Ferne ent-schwee-benn!« brüllte der Walder mit einer sich fast überschlagenden Stimme, aber nun war es plötzlich still. Der Regen hatte nachgelassen, das Flugzeug hatte sich entfernt.
»In die Ferne entschweben«, sagte der Walder nun noch einmal ein wenig leiser.

»Jaja, in die Ferne entschweben«, wiederholte ich grinsend und leckte mir den Regen von den Lippen. »Wohin denn genau?«

»In die unendliche Ferne«, sagte der Walder und wischte sich durchs Gesicht. »In die unendliche Unendlichkeit.«

»Unendliche Unendlichkeit?« fragte ich. »Wo soll denn das sein?«

»Unendlichkeit ist überall«, sprach der Walder in feierlichem Ton. »Und zwar nach allen Seiten ...«

Er schwenkte beide Arme durch die Lüfte und sagte: »Wenn du von hier aus losfliegst, immer geradeaus in die Ferne ... und dann immer weiter ... da dahinter!«

Na ja. Es regnete immer noch, aber es war auch fast gemütlich. Wir standen dicht beieinander, der Walder und ich. Ich war damals zehn oder elf Jahre alt und ungefähr einen Meter fünfundzwanzig groß. Der Walder streckte beide Arme in die Unendlichkeit und summte ein Lied.

»Wo wird denn das Raumschiff landen?« hab ich ihn gefragt, worauf er sein vom Regen durchnäßtes und von der Kälte gerötetes Gesicht zu mir herabbeugte. Listig lächelte er mich an.

»Wird nicht verraten! EIN Geheimnis braucht schließlich jeder!«